刘新 —— 著

中国纺织出版社有限公司

内 容 提 要

在生活节奏如同飞驰列车的现代社会，很少有人会愿意花更多的时间去了解一个给他留下不美好第一印象的人。因此，我们在与人初次交往的时候，要认识到第一印象的重要性，要努力提高自己的初印象分。

本书从心理学的角度入手，围绕各种社交技巧，深入浅出地告诉我们第一印象在人际关系中的重要性，并帮助读者朋友们在与陌生人打交道的过程中完美展现自己，为对方留下美好初印象，进而为接下来的交往打下坚实的基础。

图书在版编目（CIP）数据

首因效应 / 刘新著. --北京：中国纺织出版社有限公司，2024.3
ISBN 978-7-5229-1454-1

Ⅰ.①首… Ⅱ.①刘… Ⅲ.①成功心理—通俗读物 Ⅳ.①B848.4-49

中国国家版本馆CIP数据核字（2024）第026961号

责任编辑：赵晓红　　责任校对：高　涵　　责任印制：储志伟

中国纺织出版社有限公司出版发行
地址：北京市朝阳区百子湾东里A407号楼　邮政编码：100124
销售电话：010—67004422　传真：010—87155801
http://www.c-textilep.com
中国纺织出版社天猫旗舰店
官方微博 http://weibo.com/2119887771
天津千鹤文化传播有限公司印刷　各地新华书店经销
2024年3月第1版第1次印刷
开本：880×1230　1/32　印张：7
字数：120千字　定价：49.80元

凡购本书，如有缺页、倒页、脱页，由本社图书营销中心调换

前　言

在生活中，我们会不知不觉地对"第一"情有独钟，比如，你会记住第一任老师、第一天上班、第一个恋人等，但对第二没什么深刻的印象。这就是心理学上常说的"首因效应"。那么，具体而言，什么是"首因效应"呢？

首因，是指首次认知客体而在脑中留下的第一印象。首因效应，是人与人第一次交往时留下的印象，在对方的头脑中形成并占据着主导地位的效应。首因效应也叫首次效应、优先效应或第一印象效应。它是指人们第一次与某物或某人接触时会留下深刻印象，个体在社会认知过程中，通过"第一印象"最先输入的信息对客体以后的认知会产生很大影响。第一印象作用最强，持续的时间也长，比以后得到的信息对事物整个印象产生的作用更强。

研究发现，与一个人初次会面，45秒内就能产生第一印象。这一印象会对他人的社会知觉产生较强的影响，并且在对方的头脑中形成并占据着主导地位。

可见，在社交活动中，只有给别人留下良好的第一印象，抓住别人的心，才能通过影响对方的潜意识，来达到我们的交际目的。那么，在社交中，我们该如何给对方留下良好的第一印象呢？

  心理学家认为，第一印象主要包括一个人的性别、年龄、衣着、姿势、面部表情等"外部特征"。一般情况下，一个人的体态、姿势、谈吐、衣着打扮等都在一定程度上反映出这个人的内在素养和其他个性特征，决定了是否能给对方留下好的第一印象。也就是说，你一些不经意的表现，都能影响他人对你的第一印象，都决定了对方是否想要和你进一步交往。而如何给对方留下完美的印象，也是我们在本书中要探讨的内容。

  本书结合心理学的知识，旨在带领读者学习和掌握留下完美第一印象的技巧，这些技巧会给你带来更多的自信，使你在陌生人面前能侃侃而谈、展现自己的风采，给人"一见如故"的印象。实际上，人与人之间的交往既是从陌生到熟悉的过程，也是心理相互较量的过程，且这一过程是趣味横生的。总之，如果你牢牢掌握了这些心理学方法和交往技巧，那么与任何陌生人交往或进入陌生场合，你都能游刃有余、迅速与他人拉近人际关系。

著者

2023年11月

目　录

第一章　首因效应，第一印象关乎人际关系的成败　001

第一印象至关重要　003
利用首因效应，博得初见好感　007
注意口头禅的负面影响　010
让首因效应为你所用　014
知晓首因效应，避免以貌取人　018
关注晕轮效应，初次见面容易以偏概全　021

第二章　相遇相识，第一次见面就给人留下好感　025

"第一眼"就给对方留下好印象　027
"人靠衣装"，为自己的外表加分　031
检查自己的装扮是否大方得体　035
简短而特别的自我介绍是打开人际关系的敲门砖　039
初次见面，别忽略细节　042

坦率真诚，方能获得他人真心相待　　　　　　047
尊重是人们交往的基础　　　　　　　　　　　052

第三章 悦心言语，会寒暄的人一见面就讨人喜欢　055

初次见面，交谈的前三分钟最关键　　　　　　057
几句寒暄，缓解尴尬沉默的气氛　　　　　　　061
初次见面，称呼要仔细斟酌　　　　　　　　　065
第一句话可以先声夺人　　　　　　　　　　　069
学会与陌生人搭讪，让交往水到渠成　　　　　072

第四章 消除陌生感，初次相识与人尽快熟络　075

初次见面后不积极主动，很快会被遗忘　　　　077
笑脸相迎，展现善意　　　　　　　　　　　　080
炒热氛围，让交谈更愉快　　　　　　　　　　083
小小零食，能搭建通往他人内心的桥梁　　　　086
餐桌交谈，要用轻松愉悦的话题　　　　　　　089
适度留白，给对方一些时间思考和回应　　　　093

第五章 初次结交，风趣幽默是最高段位的撒手锏　097

幽默的人，到哪儿都有朋友	099
幽默，让你笑口常开	102
幽默，能迅速化解尴尬	106
善用比喻，让幽默别开生面	109
妙用民间俗语，让表达贴切生动	112
幽默恰到好处，能带来意想不到的效果	115

第六章 好的话题，让首次沟通和谐融洽　119

一个合适的好话题，是初步交谈的引子	121
好的话题，能成功引起对方的兴趣	126
从日常生活开始谈起，能迅速聊到一起	129
时尚，是让人感到轻松的话题	132
多阅读，积累谈话素材	135

第七章 会打圆场，避免初次沟通出现尴尬和冷场　139

及时调整思路，改变表达方式	141

委婉含蓄，使他人准确意识到自己的错误	144
巧妙打圆场，帮对方找一个台阶	147
自嘲，是最高级的幽默	151
偷梁换柱，不知不觉转移话题	154
绕个弯子，用迂回战术来达到目的	157

第八章　学会拒绝，给人留下有原则的第一印象　161

拒绝他人，需要勇气和智慧	163
拒绝回答某些问题，能让你免除不少麻烦	168
柔中带刚的话语，令对方不好拒绝	171
运用自嘲委婉拒绝	175
为人处世，学会说"不"很重要	178
说"不"是每个人的权利	182

第九章　谨慎说话，以免冒犯别人因小失大　187

说话留有余地，也是给自己留后路	189
随便交心是社交中的大忌	194
涉及个人隐私的话题，应当尽力回避	198
善良易被别人利用	202

关系再好，也要把握语言分寸　　　　　206
改变心态，避免随意发牢骚　　　　　　210

参考文献　　　　　　　　　　　　　213

第一章

首因效应，第一印象关乎人际关系的成败

第一印象至关重要

很多人说："不要以书的封面来判断其内容。"但是，绝大部分的人都是首先以书的封面来判断其内容。我们不可能读完一本书后再决定是否去买它，人际交往间的第一印象也是如此，往往几分钟就会形成偏见。第一印象只有一次，无法重来。所以，大家一定要抓住机会，在初见时把自己最美好的一面呈现给他人。

孔子有许多弟子，其中有一位名叫宰予，能说会道，利口善辩。他一开始给孔子的印象不错，但后来渐渐地露出了真面目：既无仁德又十分懒惰，大白天不读书听讲，躺在床上睡大觉。为此，孔子说他是"朽木不可雕"。

孔子的另一位弟子子羽，是鲁国人，比孔子小三十九岁。子羽的体态和相貌很丑陋，他想要侍奉孔子。孔子一开始认为他资质低下，不会成才。但他从师学习后，回去就致力于修身实践，处事光明正大，不走邪路，不是为了公事，从不去会见公卿大夫。后来，子羽游历到长江，跟随他的弟子有三百人，声誉很高，各诸侯国都传诵他的名字。

孔子听说了这件事，感慨地说："我只凭言辞判断人品质能力的好坏，结果对宰予的判断就错了；我只凭相貌判断人品质能力的好坏，结果对子羽的判断又错了。"

众所周知，礼节、相貌与才华绝无必然联系，素以善于识人而著称的孔子尚不能避免这种偏见，可见第一印象的影响之大。有的人不谙此道，不太注重给人的第一印象，最终因此吃亏。

瑶瑶和男朋友陈航相恋三年，已经到了谈婚论嫁的阶段。一天，陈航的爸妈提出要见一见瑶瑶。瑶瑶本来就是个十分腼腆的女孩，听说要见未来的公婆，心中更是紧张万分。更糟糕的是，她在准备晚餐时出了一点儿意外，原计划的时间远远不够用，当陈航的爸妈进门时，瑶瑶还在厨房里忙活。

"惨了惨了，好印象肯定没了！"瑶瑶在心中懊悔地责怪自己。

好在陈航爸妈还算通情达理，吃饭时并没有露出不满的脸色。临走时，陈航爸妈表示，他们对未来儿媳很满意。陈航见瑶瑶疑惑，伏在她的耳边说："主要是你在厨房里忙活的样子，给他们留下了极好的印象，当场就对我说'这个媳妇儿好！'"就这样，瑶瑶和陈航很快就在家乡完婚了。

在人际交往中，第一印象十分重要，你永远没有第二次机会创立第一印象。如果你在第一次交往中给人留下好的印象，别人就会乐于跟你进行第二次，甚至多次交往。相反，如果你在第一次交往中给人的印象很差，你给他人的不好印象往往很难改变，除非你付出相当大的努力去改善。

那么，如何留下好的第一印象呢？这就要从生活的方方面面着手了。虽然各花入各眼，每个人的喜好是不一样的，但是，一切事物也是有规律可循的。具体来说，我们可以从以下几点入手：

1.表情要亲切

在第一次与对方面谈时，如果你的言行过于客气，反而会造成紧张气氛，而紧张的气氛往往无助于谈话效果的达成。适度的微笑可以有效地缓解气氛，微笑时应大方得体，不做作，不应用手捂嘴大笑。

2.注重行为举止和仪表

脱俗的仪表、高雅的举止、和蔼可亲的态度是个人品格修养的重要部分。在一个新环境里，别人对你还不完全了解，过分随便有可能引起误解，产生不良的第一印象。当然，仪表得体并不是指用名牌过分地修饰自己，因为这样反而会给人一种轻浮浅薄的印象。

3.不可失礼节

中国是一个礼仪之邦,自古以来,人们就十分重视礼节,它是一个人内在的文化素养及精神面貌的具体表现。讲究礼节的基本原则就是真诚、热情、自信、谦虚。

我们常听人讲:"一看就知道他是一个……样的人。"这就是第一印象,这所谓"一看",无非只有几秒的时间。第一印象在人的社会影响力中起着至关重要的作用,但常常被人们忽视。你如果不想丢失任何成功的机会,就别忽视第一印象的作用。

利用首因效应，博得初见好感

在生活中，我们要善于利用"首因效应"，给对方留下一个好的第一印象，让对方对自己"一见倾心"。一个人的形象魅力大多体现在第一印象上，何谓第一印象？第一印象是两个陌生人相见时的最初印象，是通过对他人衣着、谈吐、风度等的观察给对方作的初步评价。第一印象对人整体形象的塑造举足轻重，它往往是人们能否继续交往的依据。简单地说，能否给他人留下良好的第一印象，往往决定着你是否能赢得他人的好感。

阿东是公司的人事经理，曾面试过上千人，为公司发掘了不少优秀的人才。不过，阿东非常看重一个人的第一印象。

有一次，阿东无意中看见了一位应聘者的简历，高学历、出色的工作履历让阿东这个阅人无数的经理也心动了。还没有见到那个人，阿东就已经给他打了很高的分数，甚至，求贤若渴的他推迟了其他的工作，专门为这位应聘者安排了一场面试。

这天中午，在约定的面试时间里，阿东见到了那位优秀的应聘者。只见他身穿浅黄色的衬衣和灰色西裤，头发有些凌乱，胡须也没有修剪。这样的形象顿时让阿东大跌眼镜，这和想象中的样子相差也太大了吧。在阿东的指引下，面试者在对面坐了下来。这正值盛夏季节，一股怪味扑鼻而来，阿东寻找源头，竟发现是对面那个人身上发出来的。阿东仔细打量，发现面试者身上穿的本来是一件白色的衬衣，但由于汗渍长期的积累而泛出了黄色，就连深色的西裤也依稀能看到汗渍和油污。这时，阿东心中的好感已经荡然无存，于是简单地聊了几句就结束了面试。阿东也决定了不再录用他，尽管内心觉得很遗憾，但他坚信自己的判断。

虽然我们常说"不要以貌取人"，但几乎所有的人都无法做到这一点，而且，很多人习惯在初次见面就以貌取人。所以，在日常交际中，我们的服饰、发型、手势、声调和语言等自我表达，时刻都影响着他人对你的判断，不管愿意与否，我们每时每刻都在给对方留下关于自己的印象。

1.外表装饰

虽然一个人的相貌是自己无法决定的，但服饰则完全取决于自己。俗话说："三分长相，七分打扮。"我们的服饰装扮需要保持整洁、得体、自然。另外，还需要注意细节修饰，比如，有的人穿着名牌衬衫，但从不熨烫，有的脚穿名牌皮鞋，但从不擦干净，这些都会让你的完美形象大打折扣。

2.行为举止

一个人的动作常常将他的气质、性格表达得淋漓尽致，粗俗的行为总是令人生厌的，这就要求我们注意自己的行为举止，待人接物应面带微笑，注意分寸和距离，尤其是与异性交往，举止切不可轻浮，以免造成误会。

3.得体的语言

初次与人见面，特别是在一些正式场合，不要随便说"哎哟""噢"之类的感叹词，这些词说多了会令人生厌。说话之前要多加思考，不要信口开河，否则会给人一种不诚实、不认真的感觉。另外，我们要准确、清楚地表达自己的意见，在语言表达过程中，避免使用粗俗的话语，避免尖刻、损人的谈话，也不要抬高自己而故意贬低他人。

第一印象对后面获得的信息的理解和组织有强烈的定向作用。由于人们具有保持认知平衡与情感平衡的需求，所以第一印象一旦建立起来，他们更倾向于使后来获得的信息的意义与已经建立起来的观念保持一致。而人们对于后来获得的信息的理解，往往是根据第一印象来完成的。所以，在日常交际中，我们要时刻保持得体、优雅、文明的外在形象，给他人留下良好的第一印象，在见面的一瞬间赢得对方的好感。

首因效应

注意口头禅的负面影响

王刚以前工作忙碌的时候总喜欢说"等一下哈",慢慢地,这句话就成了他的口头禅,于是便发生了一些让人不愉快的一幕:王刚的女儿上小学了,第一天上学是王刚的妻子去送的女儿,下午妻子有事,让王刚去接女儿。由于这是第一次见班主任,王刚的妻子一直叮嘱他下午早点儿去,问问女儿的表现如何。但是,王刚还是迟到了,他女儿小学班主任打来电话问:"王先生,其他同学已经被家长接走了,您什么时候来接您的孩子呢?我现在有事不能久留。"王刚张口就回答:"等一下哈。"话一开口,班主任老师急得不知说什么好了。可见,口头禅给王刚留下了不好的第一印象。

后来,王刚也觉察到了这一点,便有意识地将自己的口头禅换成了"行,没问题,放心好了!"

有一次,公司任务紧,领导过来找王刚,问他最近能不能辛苦一点再接个案子,王刚自信满满地说了句:"行,没问题,放心好了!"话一说完,王刚自己就傻了,因为自己根本没有时间去做新的任务。对此,王刚懊悔不已,并暗暗下定决心要摆脱自己的口头禅，否则会对自己产生极大的不良影响。

口头禅带来的危害是显而易见的，它会使沟通效果下降，使原本可以通顺表达的一句话变得让人难以理解。有时候，不注意自己的口头禅，会给对方留下不好的印象，强硬、刺耳的口头禅，也容易引起对方的反感。

米琳在某公司做业务员，她对待工作认真负责，对待同事热情且有礼貌，但是有一点很令领导担忧，米琳的签单率非常低。米琳每次给客户打电话对方都不耐烦，拜访客户的时候也不受欢迎。米琳非常气馁，思来想去，她怀疑问题出在自己的口头禅上。

米琳也是在一次给客户打电话时，才发现自己总是动不动就说"随后呢"这三个字。纵然讲话的内容确实有个先后顺序，但也不用句句都要加上"随后呢"。再说，有些话语之间根本就不适合用"随后呢"来连接。米琳自我分析了一下，发现自己之所以总是说"随后呢"，多半是因为在说下一句之前，脑子出现了片刻的空白，无法自然流畅地衔接，于是"随后呢"就脱口而出。

此后，米琳开始下意识地练习说话，把不良口头禅都扔得远远的。渐渐地，她的沟通能力果然提高了，签单量也提高了。

很多"口头禅"在心理上极易给人造成一种不适感，尤其是在初次见面的时候，别人并不了解你这个人到底是怎样的，你要做的是维持好自己的形象，如果总是说口头禅，你就很容易引发别人的反感。第一次见面就被你的不良习惯给毁了，那你还怎么期望对方与你交流下去呢？

"口头禅"并不是不可改掉的，你只要从心理上认识到它的危害，并下意识地改善，相信一定可以让自己的话语变得更顺畅。具体来说，我们可以从以下几点来实践：

1.请求朋友为你录音，做好监督

让身边的朋友在你不知情的情况下帮你录音，然后反复听自己在说话的过程中，有哪些词语反复出现了，并把这些词记在纸上，或者询问身边朋友的感受，让他们对自己进行监督，随时提醒自己。当自己不经意地说出口头禅时，旁边有人能够提醒，这样就会改变长期形成的习惯，杜绝不良的口头禅。

2.说话干净、利落

如果你是管理者，说话更要干净、利落、文雅，这不仅是交际的需要，也是个人良好谈话修养的要求。因此，管理者讲话最忌带不文雅的口头禅。口头禅是一种不良的语言习惯，它有失管理者的风度，所以必须戒除。

3.下定决心，不容忍自己犯错

许一个改掉不良习惯的诺言，并严格执行，不以各种借口原谅自己。有人说：如果容忍自己的不良习惯一次，就能容忍一千次、一万次。因此，如果已经下决心改掉不良的口头禅，就必须坚定地"痛改前非"，绝不能原谅"每一次"。

4.心态要好，不要紧张

保持心态的平和，放松心情，在与别人交流的时候，不要急于表达自己的观点，尽量思考之后再说话。在没有把握的情况下尽量不说话，以免因为思路中断而不得已使用口头禅。

5.严禁脏话口头禅

要改掉讲粗话脏话的不良习惯，就需要严格要求自己，自觉地从自己的言行入手，讲究文明，树立良好的个人形象。古人云：世上无难事，只怕有心人。每天有空就提醒自己，不要说粗话、脏话，再加以抑制，相信你会成功，只要有毅力！

几乎每个人都有各自的口头禅，在不知不觉中，它已构成你个人形象的一部分，甚至是相当重要的一部分。你拥有某种气质的口头禅，也就容易被人视为属于某种气质的人。所以，想要在社交中不给人留下不合适的印象，还是戒除不良口头禅为好。

首因效应

让首因效应为你所用

"首因效应"作为一个心理学概念，最先由美国心理学家洛钦斯提出。人们在交往时，往往会有"先入为主"的印象，也就是说，彼此间所产生的第一次印象会给日后的交往带来影响，这就是我们所说的"首因效应"。第一印象并不是总能给人们带来正确的判断，但是，它给人留下的印象却是最鲜明、最牢固的，也决定着双方以后的交往是否融洽。

为了证明首因效应的存在，洛钦斯曾经做过一个对比实验。他描写了一个叫作詹姆的学生，将他的两个生活片段进行不同的组合，共组成了四个故事。

第一个片段为：詹姆出门去文具店，路上洒满阳光，他和两个朋友一边走一边晒着太阳。走进文具店后，詹姆发现店里挤满了人。他一边等着店员注意到他，一边和熟人聊天。买完文具后，他在出门时遇到了熟人，便停下脚步，和熟人打了招呼。与朋友告别后，他走向学校，途中又遇到了前天晚上刚认识的女孩。和女孩说了几句话后，詹姆便和她告别了。

第二个片段为：放学后，詹姆独自离开了教室，走出校门。阳光十分耀眼，詹姆走在马路阴凉的一侧，发现前天晚上遇到的那个漂亮女孩迎面走来。他穿过马路，走进了一家快餐店。在人头攒动的店里，他发现了几个熟人。詹姆安静地等待着，直到引起服务员的注意，他才买了一份饮料。然后，他找了一张靠墙边的桌子，坐下喝饮料。饮料喝完之后，他便回家去了。

针对这两个片段，洛钦斯对其进行了排列组合。在第一份资料中，他将表现詹姆外向热情的故事放在前面，表现其内向冷淡的故事放在后面；第二份资料中，他将表现詹姆内向冷淡的故事放在前面，表现其外向热情的故事放在后面；在第三份资料中，他只列出了表现詹姆外向热情的故事；在第四份资料中，他则只列出了表现詹姆内向冷淡的故事。

然后，洛钦斯将这四份资料分别给了四组中学生看，这四组中学生的阅读能力大致相同。阅读后，洛钦斯请这四组人对詹姆的性格进行评价。结果显示，第一组被试者中，有78%的人认为詹姆是个比较外向且热情的人；第二组被试者中，仅有18%的人认为詹姆比较外向；在第三组被试者中，有95%的人认为詹姆外向热情；而第四组被试者中，仅有3%的人认为詹姆性格外向。

通过这个实验，我们可以看出人际交往中第一印象对于人们认知的影响。从詹姆的两个生活片段中，我们可以看出他的性格并不能简单地概括为外向或内向。事实上，人们的性格都具有多面性，不可一概而论。但是，往往因为首因效应的影响，我们会对初次见面的人产生第一印象，而这个第一印象，也在相当的程度上影响着我们日后是否与对方继续深交。

心理学家通过研究发现，人们在初次交往的过程中，往往在45秒内就能产生第一印象。这个第一印象主要来自对方的性别、年龄、长相、表情、姿态、身材、衣着打扮等方面。我们常常会通过上述各个方面，去判断对方的内在素养和个性特质。而我们常说的"给人留一个好印象"，即运用好首因效应，可以为以后的交流打下良好基础。那么，在实际生活中，我们又该注意哪些方面，才能让自己给别人留下良好的第一印象呢？以下三点可以帮助你。

1. "SOLER"模式

"SOLER"是由心理学家艾根提出的，这是一个由五个英文单词的开头字母构成的专业术语。其中，S指站姿或坐姿要面对别人；O指姿势要自然开放；L指身体微微前倾；E指与别人目光接触；R指放松自己。通过"SOLER"模式，可以表现出"我十分尊重你，对你很感兴趣，我的内心接纳你，请随意"的意思。

2."卡耐基六法"

卡耐基在其著作中，总结出六个给人留下良好印象的方法，分别为：真诚地对别人感兴趣；微笑；多提别人的名字；做一个耐心的倾听者，鼓励别人谈他们自己；谈符合别人兴趣的话题；以真诚的方式让别人感到自己很重要。

3.干净整洁的外表

以上所说的所有方法，都离不开我们自身的外在表现与内在素养。在与他人的日常交往中，想要给初次见面的人留下良好的印象，我们首先要做到注重自己的仪表风度。通常情况下，人们对于衣着干净整齐、大方得体的人更会抱有好感。其次，言谈举止也是我们必须修炼的课题。一个风趣幽默、举止优雅的人，往往能够给人留下深刻且美好的印象。而这一切，都需要我们有过硬的自身素质。

通过上述方法，我们便可以在日常交往中主动利用首因效应，向他人展示自己最好的一面。只要运用得当，首因效应可以很好地为我们的工作和生活服务，帮助我们顺利地进行人际交往，并为以后与他人的交流合作奠定坚实的基础。

知晓首因效应，避免以貌取人

很多时候，我们对于初次见面的人印象的好坏，容易受到对方容貌的影响。这种情况并不罕见，许多心理学家已经通过大量的实验证明了人类这一心理特征的存在。通常情况下，人们对容貌俊美的人更易产生好感，认为他们更可靠、更聪明，因此更容易对其产生信任。但是，古语云："人不可貌相，海水不可斗量。"我们若总是以貌取人，固然有时可以交到养眼而又贴心的朋友，但更多时候，会犯下令人惋惜的错误。

虽然我们口中常念叨着"人不可貌相"，心中也深知以貌取人是不对的，但很多时候，我们依旧会在第一时间被光鲜亮丽的外表"俘获"，在第一眼看到那些俊男美女时，便从心底给他们亮出高分，忘了从更客观的角度去判断对方的内在素养。

"以貌取人"这一心理特征，有着一定的普遍性。虽然我们深知它时常会影响我们的判断，也经常告诫自己要小心那些"绣花枕头""美女蛇蝎"，但不经意间，我们还是会乖乖地被它牵着鼻子走，忘记初衷。不可否认的是，初次见面以及短期交往的双方，外貌在彼此的印象中占了相当大的比例。然而，天生的容貌是很难改变的，我们又该怎么做，才能在不受外貌影响的同时，又给人留下好印象呢？

1.会见他人之前，先打扮好自己

有个成语叫作"五十步笑百步"，现实生活中，有些人自己不修边幅、举止粗俗，却还嫌弃别人相貌丑陋、言行不堪，这种做法无疑是非常不可取的。相貌是天生的，难以改变，可是，我们可以通过后天的努力来弥补一些缺憾，如一套合适的衣服、一个合适的发型、一种合适的妆容、一份得体的谈吐，都能为我们起到一定的修饰作用，让我们少一些不足，多一些美好。重视自己的仪表，也是对别人的一种尊重。

2.保持微笑，为下次见面留有余地

我们说以貌取人不可取，一方面是因为这种做法可能让我们错将一些人过度理想化，而付出不必要的心血，甚至因此吃亏上当；另一方面是因为这种做法可能让我们失去一些可贵的良师益友，谁又知道那些平淡无奇的外表下，没有藏着一颗玲珑的心呢？因此，不管初次见面或是短期交往的对象的相貌如何，我们都要做到和蔼可亲，以温暖的微笑让对方感受到你的诚意，也让自己有进一步观察对方的机会。

3.路遥知马力，日久见人心

我们在初次见面或是短期的交往中，对于对方很大一部分印象确实来自他的外貌举止，但从长远来看，一旦双方继续交往下去，那么内在的吸引力将胜过相貌带给我们的冲击。有相关实验表明，随着交往的加深，我们对于他人的印象将越来越受到其内在素养的影响，而不再取决于其容貌。这个时候，我们也就能够更加清楚地看到对方真实的内心，以及他们的个性品质。此时我们要做的，就是结交那些品行端正的人。

总之，每个人都有着自己的生活经历和阅人经验，"以貌取人"的做法，有着其存在的必然性，也有其必须注意的地方。俊美的外表固然给我们赏心悦目的感受，让我们有"一见倾心"的感觉，但无论是生活中还是工作中，我们都应做到以心取人，以信取人。要做到这一点，需要我们付出耐心，不断努力。

关注晕轮效应，初次见面容易以偏概全

"晕轮效应"又称为"光环效应"，由美国心理学家桑代克提出。这是一个心理学概念，是指一个人的某种品质或者一个物品的某种特性给人以好的印象后，这种印象会影响到人们对他（它）其他方面特征的判断，人们会倾向于认为其他特征也是好的。成语"爱屋及乌"描述的就是这种心理。这种强烈知觉的品质或特点像月晕的光环一样四处弥漫扩散，因此，人们便将这种心理效应称为"光环效应"。光环效应是一种影响人际知觉的因素，是指在人际知觉中形成的以偏概全或以点概面的主观印象。很多企业的商品喜欢找明星代言，就是利用了晕轮效应。

曾经有心理学家做过一个实验，验证了晕轮效应的存在。他找来两组学生，告诉他们这是一项对于评价老师的研究。两组学生分别观看了同一位老师拍的不同视频，相同的是，这位老师一直有着浓重的外国口音。第一组学生看到的视频中，这位老师态度和蔼，温和地回答了很多学生提出的问题。而第二

组学生看到的视频中，这位老师则态度冷漠，以一种近乎冷酷的语气回答了相同的问题。很明显，第一个视频中的老师显得热心教学，关爱学生；第二个视频中的老师则显得无心工作，懒于应付学生。

两组学生都看完视频后，心理学家要求他们对这位老师的外表、口音等方面给出评价。第一组学生大都认为这位老师和蔼可亲，外表很具有吸引力，甚至那浓重的外国口音也很有魅力。而第二组学生对于这位老师的评价则十分负面。

通过这个实验我们可以看出，晕轮效应确实是存在的，并且有力地影响着人们的判断。但晕轮效应在本质上是一种以偏概全的认知偏误，会给我们带来一些负面影响。

从心理学角度来说，晕轮效应的形成，与我们知觉的整体性有关。在知觉客观事物时，我们习惯于用经验来将不同属性、不同部分的对象有机结合为一个整体。如"管中窥豹"说的便是这种情况。诚然，因为这种以点代面的影响，晕轮效应会使我们在认知事物时变得武断，也可能会使我们被初次见面或不熟之人误解。但凡事有弊必有利，如果我们掌握了晕轮效应的原理和特征，并适当运用，便可以让晕轮效应为我所用。那么，我们又该怎样克服晕轮效应的弊端，利用它来为我们服务呢？

1.打造良好"第一印象"

人们常常有"先入为主"的习惯,所以对于素不相识之人的第一印象会较为深刻,也就是我们前面所说的首因效应。而又因为晕轮效应的作用,所以我们在人际交往中给初识之人留下良好的第一印象就显得尤为重要,这将为彼此日后的相处打下坚实的基础。这就要求我们注意自己的仪容仪表、言谈举止。首次会面时,我们应自然、从容地展现自己的优点和长处,尽可能地利用晕轮效应为我们在别人心中打造出一个美好形象。

2.警惕"投射倾向"

"投射倾向"是指将自己的某些心理特征附加给他人的现象。在这种心理的影响下,善良的人总是以好的一面去解释他人的行为,而猜疑心重的人常常以恶的角度去揣度他人的心思。也就是说,人们在评判别人的时候,经常不自觉地评判着自己。因此,我们在人际交往中,不仅要不断提醒自己在识人时勿受投射倾向的影响,还要考虑到别人在投射倾向的影响下如何看待我们。这就要求我们灵活机变,与不同的人交往时,懂得采取相应的方法。

3.不可死板教条

这里说的死板教条,就是将不同类型的人按照自己的想法"贴标签",如商人就一定是"老奸巨猾",男孩就一定是

"调皮捣蛋"等。这种归类很容易造成偏差。大千世界，每个人都是独立的个体，而每个人的性格也都是多面的，是很难一概而论的。同样，我们也不可以死板教条地认为自己就是某种"类型"，或是某个片刻的举止就一定会被别人贴上固定的标签。努力展现自己美好且多姿多彩的方面，凡事善始善终，才是正确的社交之道。

4.正视以貌取人

前面，我们已经讲过了以貌取人的不可取之处，但是在人际交往中，即使我们自己能够注意不去以貌取人，但无法阻止或改变他人的内心想法。为了使自己能够在人际交往中不受到以貌取人心理的负面影响，我们除了应认真修饰自身的仪表外，还应坦然接受别人的想法，并用自身的人格魅力，让对方主动敲碎他心中的"坚冰"。

晕轮效应就像一座迷宫，人们一旦迷失在其中，就很难走出来。初识的人或相交浅薄之人，因为彼此之间的陌生，所以在自己心中为对方"塑造"形象时，很容易受到晕轮效应的影响，处于一种有失偏颇的心理状态。晕轮效应是一把"双刃剑"，既可能让我们在别人心中更美好，也可能让别人认为我们十分糟糕。因此，我们只有掌握了晕轮效应的心理特点并合理利用，才能在人际交往中春风得意。

第二章

相遇相识,第一次见面就给人留下好感

"第一眼"就给对方留下好印象

两个人初次见面时，留给对方的第一印象非常重要。也许很多人会说："我不以第一印象来判断别人。"但实际上，第一印象或多或少都会对人物的整体评价产生影响。第一印象在一个人的内心中占据很大的分量，如果给他人的印象好，那对方会愿意与你认识并进行深入的交往，否则，第一印象不好，对方可能当即就不想再见到你。

亮亮从事销售工作的时间不太长，他的工作是销售各种防盗门窗。有一天，他的任务是到一个很有钱的客户家里推销防盗门。在此之前，已经有好几位很有经验的销售人员去过，但都没有成功。经理也想借此机会考验一下亮亮的能力。

对于这样一个棘手的任务，亮亮非常紧张，想着自己刚刚入行，没有经验，如何才能赢得客户的认可呢？为了使自己可以自信一些，亮亮穿上了新买的工作服。当他战战兢兢地站在客户的家门口时，手脚还在不停地发抖，但他还是鼓起勇气按响了门铃。开门的是一位五十多岁的阿姨，阿姨听亮亮结结巴巴地做完自我介绍后，让他进了屋。

亮亮在那儿待了两个多小时，一直表现得十分紧张，但最后那位阿姨却当场在合同上签了字，买下了价值1万元的防盗门。为什么这个阿姨偏偏选择和亮亮签单呢？那位阿姨说："这个小伙子敦厚的表现让我很放心，我喜欢这个小伙子。"

亮亮凭着他的谦恭、礼貌、真诚和可爱赢得了那位阿姨的信任，并最终谈成了这笔生意。

第一印象的好坏往往是人际交往能否成功的关键。要是你在对方心里留下了良好的印象，很有可能加速你成功的步伐；要是你在别人心目中的印象很不好，他就不会和你合作，而你取得成功的可能性也会随之降低。

"第一眼"的印象并非总是正确的，却是最鲜明、最牢固的，并决定着双方交往的进程。所以，我们一定要重视对方看你的第一眼，只有第一眼留下好印象，才会让人更加难忘。懂得重视"第一眼"的人，会在社交中获得成功。

第一印象对于一个人的整体形象塑造来说意义重大，我们不能忽视这个意义非凡的细节问题。你如果想对方快速喜欢上你，想和对方把话深谈下去，想不被他人厌恶，那就别忘了塑造一个好的第一印象，并且让对方深刻地记下你的美好。想留下好的第一印象，我们可以从以下几点加以注意：

1.提升自身修养

一表人才,主要来自一个人的学识修养。先天相貌由父母的遗传决定,后天相貌则可以由自己的学习,通过"相随心转"的运作来加以改变。学识丰富、内心充实、行为端庄,加上仪容整洁,不就是一表人才了吗?不妨试试看,心一改变,外表也会跟着改变。

2.恰到好处地"附和"对方

任何人都有自觉得意的事情,但是,再得意、再值得骄傲和自豪的事情,如果没有他人的询问,自己也不能主动提及。而这时,你若能适时且恰到好处地将它提出来作为话题,对方一定会欣喜万分,并对你敞开心扉,畅所欲言。

3.脸上时刻挂笑容

发自内心的微笑不但会给他人留下美好的印象,还会让自己显得风度翩翩、魅力十足。与之相反,有这样一种人,他们不论何时见到谁,总是面沉似水。要知道,人与人交往本是高兴的事情,谁也不愿意给自己找不痛快。如果总是心情不佳,那么你注定不会给他人留下什么好印象。

4.举止大方、自然

表情、举止自然随意,不过分拘谨,显得自信、干练、见过世面,这会增强别人对你的信心。面带微笑,会使你看起来乐观、积极、热情开朗,从而获得好人缘。但需要注意的是,应避免跷二郎腿、双目游移、表情木然、身体僵硬等不良举止，这些都会给别人留下不好的印象。

我们每认识一个新的朋友，都离不开首次交往，不管跟某人认识多久，"第一次"是唯一的，也是最深刻的，即便后来有所改变，但还是会记住那个"第一次"。所以，对我们每个人来说，第一印象是很重要的。

"人靠衣装"，为自己的外表加分

当你出现在一个人的面前，他们首先注意的是你的外表，并在心里默默地为你打分数，装扮得体而美丽的你，必定能赢得高分，而过分随意甚至邋遢的你，只能被宣告"不及格"。所以，每天出门前要先仔细打量一下自己的外表，不要因为一时的疏忽而输在衣服的选择上。谨慎地选择见客户时的服装，为自己的外表加分，更为客户对你的信任加分。

在整个公司中，王子莹接到的订单最多。平日工作中，客户前来看房子时，也大多会主动走到王子莹的身边来咨询。显然，王子莹是一个业务素质过硬的房产经纪人，她自己也觉得内外兼修才是最好的。素质属于内因，外因则是一个人的整体形象，也就是所谓的销售礼仪。人们常说"佛靠金装，人靠衣装"，这句话生动地将外在形象的重要性体现了出来。

再来看看王子莹，她非常注重自己的言行举止，在举手投足之间都透露着房产经纪人的专业和热情，在着装打扮上更是有讲究：朝气蓬勃的年龄，拒绝任何浓妆艳抹，一套工装整洁干练，头发高高扎起，指甲干净，略施淡妆，常常面露微笑，看起来既有亲和力，又不乏端庄成熟的气质，没有丝毫的轻浮之感，从外在形象上就容易获得客户的信任。第一印象不错，在打交道的过程中更能够为自己不断增分，这样就会大大减少销售中的阻碍。即使客户最后没有签单，也会对她留下较为深刻的印象，可见，外表是隐藏在工作中的"通行证"。既然如此，我们还有什么理由忽视外表的重要性呢？

大家一定要记得，在办事前应先把自己的仪表、形象修饰好。"欲把西湖比西子，淡妆浓抹总相宜。"只有掌握了"人靠衣装"的指导思想及"浓淡相宜"的美学原则，才能使美的修饰映照出一个人蓬勃向上的精神风貌，才能帮助我们提高办事效率。

很多事实证明，一个人的外表确实能反映他的内心。比如，一个喜欢穿亮色衣服的年轻人，他多半很活泼，朋友很多，性格开朗；而一个喜欢穿黑色或者暗色衣服的人，他多半比较内向，更喜欢独处。那么，如果想给对方留下一个好的印象，你知道该怎么修饰自己的外表吗？可以从以下几点入手。

1.以好的姿态示人

姿态是无声的语言，它在人开口说话之前就传递出了信息，姿态能表明是否对他人有兴趣，是否在意他人的看法，而这种态度对于仪态优雅和事业成功也是至关重要的。萎靡不振、漫不经心或者冷漠，是人际交往中的大忌，精气神是增强威慑力的法宝。

2.穿着打扮分场合

不同的场合有不同的服饰要求，只有与特定场合的气氛相一致、相融合的服饰，才能产生和谐的审美效果，实现人景相融的最佳效应。此外，正式场合衣着应严格符合穿着规范。比如，男性穿西装，一定要系领带，皮鞋干净有光泽等。女性如果穿长筒袜，袜口不要露在衣裙外面。

3. 养成干净卫生的习惯

一个人越早养成干净卫生的习惯，才会越快地让习惯成自然。清晨起床后，不能像猫洗脸那样一抹了事，不能仅马马虎虎地洗洗手、洗洗脸。如果早起五分钟，从上到下通通洗一洗，就不会感到疲劳，整天会周身爽快、朝气蓬勃，工作起来也会干劲儿十足。

4.呈现最好的气质

戴尔·卡耐基曾评价一位女士说："你的粗俗将会毁了你的幸福。我要告诉你的是，只有举止优雅的女人，才会赢得男人的尊重和爱。"优雅，表现了女人的修养和内涵，她们在举手投足之间会使人觉得恰到好处，分寸得当。同样，男士也要注重培养自己风度。

聪明的你可以借着适当的穿着让你的真实得以彰显,同时也让杰出靓丽的外表与独一无二、充满魅力的内在相互辉映,使别人见到你的第一眼就对你建立起信赖与器重。

检查自己的装扮是否大方得体

美国礼仪顾问威廉·索尔比曾经说过这样一句话："当你走进某个房间，即使房间里的人并不认识你，但他们可以从你的服饰外表作出以下十个方面的推断：经济状况、受教育程度、可信任程度、社会地位、成熟度、家族经济状况、家族社会地位、家庭教养背景、是否成功人士以及品行。"外表的装扮确实可以体现出一个人很多的自身信息，对男性和女性来说，大方得体的装扮都是很重要的。如果想让自己首先映入对方的眼帘，就必须检查自己的装扮是否大方得体。

一个人的装扮不仅关系到外表形象，还直接体现出他的气质修养，反映他的心理状态和生活态度。在人际交往中，每个人都会遇到第一次见面、第一次谈话的陌生人，你如果想给对方留下深刻的第一印象，就要从自己的装扮上入手。大方得体的装扮不仅能够体现出你的心理状态和生活状态，还能让对方对你充满兴趣，想对你有深入的、详细的了解。

现今，很多不同年龄段的男性和女性不知道应该如何装扮自己，不知道怎样的装扮能让自己首先映入对方的眼帘。针对这个疑问，心理学家归纳出以下几点，作出了详细的回答，并且为处于各个年龄段的男性和女性提出了很多很好的建议。

第一，各个年龄段的男性装扮。

20岁的男性大都好动，像个孩子，喜欢追求生活情趣，偶尔调皮幽默，对未知世界充满了好奇和挑战。在装扮的选择上，不妨多选择一些张扬、艳丽的服装，因为相对黑白色材质一流、中规中矩的服装来说，有特点的服装更能体现这个年龄段的男性的个性。

30岁的男性对眼前的世界已经非常熟悉，但是他们也有不少困惑。"拿得起，放不下"是这个年龄段的男性共有的特点，对于未来的世界，他们还需要进一步探索。装扮选择上宜选择严谨和冷静型，以便让自身看起来沉稳但不失时尚感。建议30岁的男性装扮得正式一些，让对方信任你的为人处世才能。

40岁的男性感到的是一种深深的责任。这个时候，他们经历了许多，得到了许多，同时也错过了许多。在人际关系方面，一张属于自己的社会关系网已经建立起来，很多事情得心应手，事业成功者更是表现出非凡的稳重和能够包容一切的大气。装扮上同样不需要老气横秋，而是要彰显时尚气息。建议40岁的男性着装要大气，给人以亲切感，从而在不知不觉中得到对方更多的依赖。

50岁是男性的黄金年龄，同时这个时候他们最害怕青春的消逝。他们有更多的时间回忆年少时光，也在现实的生活中寻找更多的突破点。50岁的男性有时候是矛盾的，却也是可爱的，装扮上宜选择剪裁一流的服装款式。建议50岁的男性着装倾向高档化，让他人感觉到你的成就，从而对你产生敬仰。

第二，各个年龄段的女性装扮。

20岁的女性年轻、娇美，需要勇气。20岁的女孩可以尽情地穿自己喜欢的色彩，或一件舒适的夹克搭配一条随意的牛仔裤。建议避免穿过于成熟的服饰，化浓艳的妆。可以多置新装，不同风格的装扮，让他人每天看到不一样的你，并被你吸引。

30岁的女性风华露浓，自信、成熟。装扮可适当有自己的风格，让对方第一眼就喜欢你的独立气质。

40岁的女性自然、得体，高雅潇洒，能够坦然面对人世间，不作矫饰。简单而质地好的衣物最能表现此时的优雅风度。适宜装扮包括及膝短裙，低跟鞋，棉布、麻、丝质长裤，合体套装，化自然的妆容，头发保持整洁。让你的优雅能第一时间抓住对方的眼球。

50岁的女性到达知天命之年，装扮上也应随之回归自然，以朴实、素净为主。建议不要化浓妆，让你的自然得体给对方留下好印象。

大方得体的装扮可以给人自信。平时喜欢装扮自己的人大多办事谨慎，追求完美，很少犯错误，任何事情上都想法周到。如果想让自己成为别人观看的亮点，想在装扮上获得别人的欣赏，那就要在装扮上多花一点儿心思，给对方留下深刻的第一印象，同时也给自己留下好心情。

简短而特别的自我介绍是打开人际关系的敲门砖

在现今的人际交往中，自我介绍必不可少。现在，自我介绍在面试、考试、交友的过程中越来越被重视，你的自我介绍是否精彩，直接反映了你这个人是否有工作能力，是否有才华，是否适合做密友，自我介绍成了别人评价你的依据。如果你的自我介绍简短而特别，你便会在对方的心目中留下好印象，对方也会想对你有更深入的了解。

在竞争日益激烈的现代社会，每个人都极力想抓住每一个表现自我的机会，想在大众面前展现自己的能力和专长，对自我介绍也开始追求新意，不再局限于"我叫某某，我来自哪里，我的专业是什么"这种一成不变的说法。针对这样的现象，心理专家说："现在是创新的年代，一切都有自己的想法和思路是很好的，自我介绍有特点，确实可以抓住对方倾听下去的心，但一定要记住，要符合实际，不可长篇大论，简短而特别的自我介绍是最能够给对方留下好感的。"心理专家还为我们列举和分析了以下几种自我介绍的利弊：

第一，没有具体的介绍。

自我介绍时，最普遍、最严重的问题，是一些人根本没有介绍自己的具体情况，缺乏最起码的要素以及最基本的信息。许多人只在开头点了一句"我叫某某某"之后，就完全离题，空发议论，没有任何属于个人的事实。还有人连自己姓甚名谁、家住哪里、年龄几何都不提，该讲的不讲，却大谈什么"人生""坎坷""梦想"之类，完全文不对题、华而不实，纯粹是作秀表演。

自我介绍就是你在向别人介绍自己，所以要完全靠材料取胜，用事实说话。介绍时，最好每一句话都有你个人的特色，这个特色应该只属于你而不属于别人。介绍时，最好每一句话都有信息，依据事实，自己应该少发议论，少作评价，让自我介绍简短一点儿。对方自会从你的自我介绍中得出总体印象。

第二，只有空洞的抒情。

有些人擅长抒情写作，在自己的自我介绍上片面地追求所谓的"文采"和"哲理"，结果自我介绍就成了文绉绉的"抒情文"。表面上很有文采，很浪漫，其实很空洞，没有实际内容，对方也不能从中直接了解你的经历。

第三，盲目模仿。

有些人找来别人好的自我介绍的内容运用在自己身上，盲目照搬，看上去牛气冲天，实际上千篇一律。常见的套话有：

我聪明、我活泼、我大方、我自信、我就是我，一个小小的我，一个独一无二的我、我不一定是最优秀的，但我一定是最努力的、给我一个支点，我将撬起地球、走自己的路，让别人说去、我的未来不是梦等。其实，这些都是大家日常生活中耳熟能详的话了，用在自我介绍中也没有一点儿特别的味道，这些话用多、用滥了，就显得啰唆、俗气了。

第四，过多地倾诉自己的理想。

有的人在自我介绍中倾诉自己的理想，篇幅太长，比重过大。许多人刚讲了姓名、年龄，就迫不及待地讲自己的理想。其实，对方对你的理想可能并不感兴趣，你说得越多，越可能招来别人的反感。

以上四点都是大家在自我介绍中经常出现的问题，心理专家为我们列举出来，是希望我们能够抓住对方的心理，用最好的自我介绍赢得对方对我们的好印象。

一个好的简短而特别的自我介绍是打开人际关系大门的金钥匙，想让别人对你印象深刻，必须抓住别人的心理，在自我介绍上下一番苦功夫。

初次见面，别忽略细节

人们产生的第一印象，以最初七秒的感受最为强烈和持久，这种记忆甚至会在人的脑海中存留七年之久，大部分人往往容易以这七秒内产生的印象去判断对方。尽管人们可以通过日后的交流来继续加深彼此的了解，但前提是我们留下的第一印象，至少要使他人愿意与我们作进一步真诚、有效的沟通。因此，在人际交往中给人留下良好的第一印象至关重要。第一印象的形成来自方方面面，很多时候，一些不经意的细节，很可能就会对我们与他人的初次交流产生不可估量的影响。

王帅大学毕业后，就来到了父亲王建国经营的机械工厂，开始逐步接过父亲的工作。当初，在王帅考取大学、填报志愿时，为了他将来能够顺利接班，父母建议他填报与自家工厂实际生产有关的机械类专业。如今，他大学毕业来到工厂，可谓初生牛犊不怕虎，一心要做出成绩给父母看，也好让父母早点儿退休，能够安享晚年。

观察了一个月后，父亲对王帅的专业技能大为赞赏；而对他的社交能力却频频摇头。母亲总是劝王帅多跟着父亲出去交际，边长见识边学习。王帅却不理那一套，认为产品的质量才是工厂屹立不倒的法宝。对此，父亲只能苦笑着劝母亲："随他吧，多摔几次跤就知道其中利害了。"

王氏工厂虽然规模不算很大，但因为产品质量过硬，依靠新老顾客的口口相传，所以销量一直不错。只是由于王建国不愿冒进，因此没有大刀阔斧地扩建。这回，有家外国企业向工厂投来了橄榄枝，有意签署长期合作合同。王帅听了十分兴奋，并以这单生意为突破口，开始筹划心目中的大格局。

这天，外方派出一名女代表和一名翻译来到工厂，想与工厂负责人进行初步的磋商，王建国刚巧临时有事外出，便通知王帅先来接待。王帅接到通知时，正在厂房里一身油污地检查设备。眼看着还剩两台机器没检查，他正干得起劲，便让经理先顶着，说自己一会儿就到。20分钟后，他终于忙完了手中的活儿，也顾不上换衣服，直接冲到了接待室。见到对方两人，他不等翻译介绍完，就把沾满机油的手在工装裤上抹了两把，然后两手抓起外方女代表的手，用力地握着，边握边表达自己对其深深的歉意和热切的期盼。

女代表干咳一声，轻轻抽出了自己的手。落座后，双方又相互寒暄了几句，女代表便示意进入主题。王帅虽对这个项目十分重视，但他重视的是相关产品的生产和质检，关于具体的合作事宜，他并没有过问多少。而这种谈判、交际的场合，也是他最不喜欢、最不擅长的。他如坐针毡地赔笑着、应付着，和女代表驴唇不对马嘴地聊了半天。这时，经理过来对他耳语一番，让他再坚持一会儿，告诉他老板马上就回来了。

听到这个，王帅顿时如释重负，他对女代表说："具体的合同其实并不归我负责，因为家父外出，所以我这也是临时救场。二位稍等，家父已经在回来的路上，最多十分钟就能赶到。厂房那边出了点儿问题，我得去看看，失陪了。"说完，便扔下面面相觑的代表和翻译，径自回到了厂房。

然而，待王建国匆匆赶到接待室时，屋里只剩下两杯半冷的茶水了。

王帅的一系列言行，可谓初次见面乃至整个社交中的大忌。他污秽的衣服和双手，让女代表感到他对这次会面的不重视；他随性地握手，显示了他在社交礼仪上的无知；他中断谈话、自顾自地离去，更是体现了他对女代表不够尊重。试问，这样一次会面，怎能让女代表再有耐心与之继续合作呢？

正所谓"细节决定成败"，每一件惊天动地的伟业，都是由零星散碎的小细节积累而成的。同样，在人际交往中，细节在很多时候也决定着我们的成败。有人说"成大事者不拘小节"，但这里的"小节"，是指没有必要过分在意的旁枝末节，是为了大局能够割舍的小处，而不是不能忽视的、会对全局产生影响的细节。在社会交际中，细节往往能够给我们带来意想不到的影响。这影响是好是坏，在于我们自己的认知和把握。

那么，在与他人的初次交往中，我们该从哪些细节入手，从而给对方留下一个良好的印象呢？

1.注意仪态

有调查显示，在第一印象中，外表占50%以上的比例，声音占40%，言语举止则占剩下不足10%的比例。在外表这一项里，不单指容貌，还包括了气质、体态、神情、衣着等；在声音这一项里，不单指音色，还包括了音调、语速、语气、节奏等，这些细节都会直接影响第一印象的形成。如果说容貌和音色是天生的，那么其余的部分则是我们可以通过后天的努力改变的。这就需要我们在精心打扮、装饰自己的时候，更要注意内在的修养。只有内外兼修，才能在举手投足之间，处处迸发出迷人的魅力。

2.准时赴约

无论彼此是否初次见面，准时赴约都是一个人应该具备的基本礼貌和涵养。在第一次见面时，准时赴约的重要性则尤为突出。一个连初次之约都不能准时到达的人，谁又会相信他懂得尊重人、理解人、体贴人呢？一个没有时间观念的人，谁又会相信他对自己和他人的事业、生活乃至人生的态度是严谨、端正的呢？

3.学会握手

现代社会，握手是一项最基本的礼节，也有着不少规矩。如初次见面时，相互介绍完后轻轻握一下即可；下级对上级、晚辈对长辈握手时应稍欠身；男士握女士手时，应只握女士手指部分；握手的先后顺序为主人、长辈、上级、女士先伸手，客人、晚辈、下级、男士要等对方伸手再握。这些事项都需要我们牢牢记住。

4.告别有方

一个优雅的告别，往往能给人留下深刻的印象，有时甚至能起到"妙手回春"的作用。再优雅的谈吐，也可能会因为临别的不当言行而被毁之一炬；枯燥乏味的会谈，也可能由于告别时的一丝情调而让与会者改变最初的感观。因此，在与人初次见面时，我们必须有始有终，切忌虎头蛇尾。

以上大致为初次见面时需要着重注意的一些细节。在人际交往中，需要注意的具体细节还有很多，凡此种种，不在这里一一列举。社会交际本就是一门学问，它需要我们在不断的学习中展开实践，在众多的实践中继续学习，用自己的亲身体会，去更好地掌握各种社交手腕和技巧。

坦率真诚，方能获得他人真心相待

在人际交往中，我们要想建立起和谐美好的人际关系，需要付出很多努力。其中，坦率对待他人是十分重要的一点。比如，虽然人们都喜欢收到别人的赞美，大部分人也都需要别人的赞美和肯定来满足心理层面的需求，但是，过分的或是言不由衷的赞美和肯定，反而会让人觉得虚伪，让人对"溜须拍马"之人产生反感。很多时候，人们更愿意和言语真诚、态度坦率的人交往，因为跟这种人在一起，人们可以放松戒备，享受轻松愉悦的交流。

又逢毕业季，王经理手下又来了一个初出茅庐的大学生李碧娟。李碧娟上班的第一天，就在王经理的带领下来到同事们面前作自我介绍，李碧娟得体的表现，加上她青春靓丽的形象，让大家从心眼儿里喜欢上了这个姑娘。此后，无论是工作中还是生活中，大家都愿意帮这个姑娘一把。而李碧娟自己也很下功夫，业绩上不但没有拖部门的后腿，而且经常能登上先进榜。这样一来，不仅大家更愿意和她合作，王经理也更加重视她。

没过多久，部门又来了一个小伙子，名叫钱凯。他个性内向，不愿与人多打交道，工作上出了问题，也只是自己在那里苦思冥想。不久，大家听说了一个小道消息：原来钱凯是董事长的侄子，因为不爱读书，连高中都没有毕业。此后，大家更加不待见钱凯，只是当面不敢表露而已。

几个月后，公司要和一家大的合作伙伴续签合同，董事长点名要钱凯经办此事。王经理知道钱凯许多业务尚不熟练，而大家也都不愿意和钱凯合作，生怕出了事背黑锅，只好派李碧娟去帮忙。李碧娟接下差事后，立即查阅资料，然后拟定了新的条款。她将条款拿给钱凯看，钱凯也将自己做好的新条款递给了她。李碧娟一看，觉得钱凯的新合同对于合作伙伴来说过于苛刻。这时，钱凯说话了："你一定觉得我的这个合同简直欺人太甚。你写的各方面都很好，只是有一条内部消息你不知道。对方最近出现资金周转问题，急需我们这笔贷款。因此，只要报价不低于成本，他们一定会签字。我知道这些，是因为我和他家的'少爷'是发小，那小子喝多了嘴上就没把门的。"

后来，一切果然如钱凯所说，谈判虽然艰难，但最终还是以对方"缴械"告终，公司因此省下了一笔十分可观的费用。部门庆功宴上，王经理率领大家向李碧娟敬酒，说道："真是初生牛犊不怕虎，你的成绩，我会替你上报的。"李碧娟见钱凯只是笑着和众人一起向她敬酒，想了想，便说道："经理，这次的功劳都是钱凯的，我不能贪功。"然后，便将事实如实相告。众人听了，先是愣了一会儿，而后便一起敬向钱凯。

而李碧娟也并未因此失去大家的关爱，经过这件事，大家更信任她、尊重她，王经理也让她担任自己的助理，并一直委以重任。

从这个事例中，我们可以看出，坦率之人更容易获得别人真心的尊重与喜爱。李碧娟若不作说明，占据钱凯的功劳，虽然钱凯不会点破，但世上没有不透风的墙，事情终有"真相大白"的那一天，到了那时候，大家还能像以前那样喜欢她、信任她吗？反之，她自己主动坦白一切，不仅赢得了钱凯的友谊，更赢得了大家的尊重，使得自己的事业之路更加顺利、光明。

俗话说，心底无私天地宽，坦荡率真之人行走于世，总是比促狭自私之辈开阔平顺。"投我以木瓜，报之以琼琚"，当我们用坦率的态度对待别人时，别人也会放下内心的防备，报以我们真心。

1.正视自己的缺点和错误

"金无足赤，人无完人"，每个人都或多或少地存在缺点，而不可能永远不犯错误。有些人拼尽全力隐藏自己的缺点，掩盖自己的错误，希望能在人们心中留下美好的印象，结果总是事与愿违。其实，如果我们能坦诚地承认错误，不避讳自己的短处，人们反而会认为我们坦率可信，是个值得交往的朋友。

2.肯定他人的优点和成绩

每个人身上都存在值得我们学习的优点，尤其是那些获得成功的人。面对别人的长处和成绩，如果只知一味地嫉妒，或是想方设法地"窃取"胜利果实，不肯付出努力去追赶别人的脚步，那我们注定将失去和他们建立良好友谊的机会，更会离成功越来越远。因此，当别人的长处受到大家的肯定，别人的成绩获得大家的赞赏时，我们更应不吝赞美，衷心地敬佩他们、恭喜他们。这样，别人也会因为你真诚的祝贺而更加欣赏你。

3.以真诚动人，以坦率交人

作家哈吉曾说："人与人之间，只有真诚相待，才是真正的朋友。"有些人机关算尽，人前虚伪做作，虽然在交际中赢得了一时的成功，但最终会被人识破，被人疏远。有些人率真坦诚，他们用真心对人，用坦率的态度与人相处，虽然有时不被理解，但最终赢得了大家的尊重和喜爱，并建立起自己广阔的交际圈。坦诚是交际中最有力的"利器"，能够帮助我们刺破别人的防备，进入他们的内心。

　　人们往往更喜欢和坦率之人交往，因为坦率之人让人觉得如同一汪清泉，可以一眼见底，不至于深不可测，更给人一种清澈明亮的美感。而这种美感，在当今这个充满竞争和压力的社会，显得尤为珍贵。在人际交往中，如果我们封闭自己的内心，或是总爱在人前装腔作势，只会让别人对我们充满戒备，难以对我们给予信任。因此，让我们做回那个坦率的自己，在交际圈中尽情享受坦诚带来的惬意吧！

首因效应

尊重是人们交往的基础

在任何情况下,尊重都是人们交往的基础。一个人只有懂得尊重他人,才能赢得他人的尊重和信任,从而使人际关系更加和谐融洽。尊重不仅在陌生人之间必不可少,也是熟悉亲密的人之间沟通的桥梁,是友谊发展的基础。

无论是在日常生活中,还是在工作中,每个人都难免要与他人沟通。尤其是现代职场,我们经常因为工作需要与陌生人打交道。在给他人留下良好第一印象时,讲究"礼仪",给予对方足够的尊重,这是必不可少的。每个人都有强烈的自尊心,渴望得到他人的认可、肯定以及尊重,我们只有推己及人,恰到好处地照顾他人的颜面,才能博得他人的好感。

秦末汉初,张良有一天散步时走到桥下,突然看到有个身穿粗衣布衫的老人坐在桥上。老人看到张良远远走来,突然脱下鞋子扔到桥底下,说:"小子,去帮我把鞋子捡回来。"张良看到老人倚老卖老的样子,不由得怒火中烧。然而,看到对方年纪已经大了,因而转念一想:我年纪轻轻,为老人帮个忙也无不可。因此,他快步走到桥下,捡来鞋子,还亲自躬身为老人穿鞋。老人看到张良的表现,满意地笑了,说:"孺子可教也。五天之后的清晨,你天一亮就还来这里等我。"说完,老人头也不回地走了。

五天后,张良惦记着和老人的约定,早早起床来到桥下,不想,老人已经等在那里了。看到张良,老人说:"你这个小孩子,年纪轻轻,却让我这个老人家等你。今天就算了,你再过五天,还是天亮来等我。"五天之后,张良再次如约来到桥上,但是老人还是比他先到。又一个五天过去,张良干脆半夜就起床去桥上等着,足足过了两个时辰,老人才慢慢悠悠地来到桥上。看到张良,老人高兴地从怀里掏出一本书递给张良,说:"只要你认真研读这本书,将来一定能够成就伟业,甚至可以担当帝王的老师。等再过十年,你的成就必然不可与今日同日而语。十三年后,如果你在济北的古城山下看到一块黄石,记住,那就是我。"

趁着黎明微光乍现,张良拿起书细细看了起来。这本书名为《太公兵法》,里面详细记载了各种战略战术。张良如饥似渴,每日都认真研习兵书,最终战术高超,能够运筹帷幄,决胜千里。果然,张良得到了汉高祖的重用,于十三年后随同汉高祖一起路过济北。他记得老人说的话,因而特意去古城山下,也果真看到了一块黄石。张良毕恭毕敬地请回黄石,将其尽心供奉一生，死后也与这块黄石合葬，也算是报答了老人的再造之恩。

张良之所以有此奇遇，就是因为他对老人的故意刁难毕恭毕敬，给予了老人足够的尊重。为此，老人才想将他作为衣钵传人，把绝世书籍《太公兵法》传给了他。由此，张良的人生彻底改变，从一个默默无闻的人到成为汉高祖的左膀右臂，老人在其中的作用不容忽视。

尊重他人，原本是我们应该做的，无论对方是老人，还是年幼的孩子，我们都应该给予对方足够的尊重。否则，我们又如何希求得到对方的尊重呢？人与人之间的很多事情是相互的，我们必须推己及人，先尊重他人，才能如愿以偿地获得他人的尊重，才能使人际关系更加和谐融洽。

第三章

悦心言语，会寒暄的人一见面就讨人喜欢

初次见面，交谈的前三分钟最关键

在和别人进行交流的时候，通常会遇到这种情况，不知道怎么开启话题，也不知道该怎样和对方说第一句话，吸引对方的注意。实际上，第一句话就能够奠定整个沟通过程的基调。第一句话说得好，就能够较为顺利地展开后续的交流，起到事半功倍的效果；如果第一句话说得不好，就无形中在彼此间形成了障碍，可能还会丧失众多机会，不仅不能体现自己的水平与能力，还无法继续进行交流。

一天，林皓开车带着儿子庆庆去河边拉沙子。路很难走，到处都是小石块。在回来的路上，汽车被一块锋利的石头扎爆了胎，二人赶紧下车修理。可是，修车需要千斤顶，他们的千斤顶偏偏又坏掉了。没办法，林皓只好让庆庆去找别人借，但是又担心庆庆办不好自己交代的事情，就叮嘱了几句。庆庆看了看爸爸，半信半疑地朝路边的房子走去。果然，一会儿工夫，庆庆就抱着千斤顶回来了，他高兴地说："爸爸，你真高明，一切都跟您说得一样。"

原来，庆庆走到一户人家的门前去敲门，开门的是个年轻小伙子。庆庆一看对方不耐烦的样子就有点儿忐忑，但他还是按照父亲的叮嘱，笑着说道："哥哥，不好意思，这次又有事要麻烦您帮忙了。"小伙子看着眼前的这个陌生人，似乎在努力回忆着什么，最后莫名其妙地问道："什么意思？我们不认识吧？我以前帮助过你吗？"庆庆赶紧笑着说："哥哥，是这样的，您家就在马路的边上，我一看就知道您一定帮过不少人，所以，我这次当然是又有事需要您帮忙了。"小伙子听了眼前这个陌生人的话，爽快地答应说："那好吧，你说，有什么需要我做的？"庆庆将自己的来意说明之后，那个小伙子迟疑了一下。原来，他家里并没有千斤顶，可他最终还是放下了手中的活，爽快地说："别担心，没问题，你先在这里等一下，我现在就去给你借，一会儿就回来。"于是，小伙子骑上摩托车到村子里挨家挨户地借，最终借到了千斤顶。

"这次又有事要麻烦您帮忙了。"就是这样一句话，让一个本来很冷漠的年轻小伙子变得热情，变得乐于助人。一句话，说到了对方的心里，得到了对方的欢喜，陌生就不再是两个人之间的隔阂，你想要达到的目标也不再遥远。

初次见面，要想打动对方，关键看你开口的前三分钟。事实就是如此，能否真正吸引一个人的注意力，第一句话十分重要，甚至是价值万金。如果第一句话不能引起对方的兴趣，就很难继续谈下去。

那么，如何才能把第一句话说好呢？以下几点可供参考：

1.说话要有礼貌

对陌生人表示尊敬、仰慕，是礼貌的第一表现，也能拉近彼此之间的距离。但是，采用这种方式必须注意，要掌握好分寸，褒奖适度，不能胡乱吹捧，谈话的内容要因时因地因人而异。

2.借助关系来攀认

可以通过攀认法，简单来说，就是找到能和对方产生联系的事物或者交情，用来介绍自己。如"我曾经和你哥哥小王是好朋友""听说你是北大毕业的，我也曾在北大读过书，这么说来，咱们还是校友呢"等，诸如此类的介绍可以拉近你和对方的关系。

3.揣摩对方的心理

说话是双向的，除了要注意说话的语言，还要注意说话的对象，如果你不会揣摩对方的心理，即使再能言善辩，别人也不买你的账。拥有一流口才的人会依照说话对象的不同而说不同的话，这也是他们能将话说得扣人心弦的原因。

4.多让对方作肯定回答

卡耐基曾告诫人们："与人交谈，要让对方接受自己的观点，不要先讨论双方不一致的问题，而要先强调，并且反复强调你们一致的事情。让对方一开始就说'是''对的'，而不是让对方一开始就说'不'。"

通常来讲，要和一个素未谋面的人进行一番成功的攀谈，如果你能做到在事前做一番认真的调查研究，就可以找到或明或隐、或近或远的亲友关系。而当你在和他人见面时，如果能够拉上这层关系，就能使对方产生亲切感，一下子拉近双方之间的距离。

几句寒暄，缓解尴尬沉默的气氛

寒暄也就是打招呼，是人与人建立交流的方法之一。它能使不相识的人相互认识，使不熟悉的人相互熟悉，使单调的气氛活跃起来，为双方进一步攀谈架设桥梁，沟通情感。和陌生人初次见面，因为两个人彼此都不了解，所以往往不知道应该怎样开始谈话，这时，寒暄就可以派上用场。比如："今天天气不错！"或者"最近都在忙什么呀？"以此类话作为寒暄问候语。这些话听起来好像不重要，但是它们可以缓解尴尬的沉默气氛，让人感到亲切、舒适。

陈小姐是一家电子商务公司的销售主管，她很少在客户面前夸夸其谈，可那份亲切诚恳的气质和绝佳的口才，却赢得了上百位客户的心。

提起约见客户，公司一位新进的女业务员心理压力很大，总是跟陈小姐抱怨不知道见面时该跟客户说什么，像平常一样打个招呼说声"您好"，显得太没新意；贸然带着礼物上门，目的性又太强。

言传不如身教，陈小姐在一次出差时带上了这位女下属。那是一项棘手的任务，公司给对方提供的方案，对方看了之后不太满意，看起来是不太愿意合作了。陈小姐此次去的目的就是说服对方，挽回合作的机会。作为业务代表，女下属心里一直忐忑不安，她心想：去了之后该说什么呢？要跟对方道歉吗？如果他们咄咄逼人该怎么办？

抵达A市后，接待她们的是对方公司的副总。见到客户，陈小姐说的第一句话是："林总，我得先谢谢您，在我生日的这一天，让我又回到了自己的家乡。"那位副总是A市人，听到陈小姐这么说，顿时觉得亲近了许多。两个人聊起A市这些年的变化，甚至还谈起了当年读书的学校，随行的女业务员听得全神贯注。最后，还是林总主动说起合作的事，在此之前，两个人已经聊得如此投机，对合作的事很快就达成了一致。

出差回去的途中，女业务员不禁对自己的女上司刮目相看。以前，这位女业务员只觉得她为人亲和，现在才知道她在业务上也很出色，面对陌生的客户，通过一番寒暄就拉近了彼此间的距离，确实不简单。

听着下属的恭维，陈小姐会心一笑，故作严肃地说："我可不是为了让你夸我才带你来的呀！就是想让你知道，谈话是需要氛围的，在正式交谈之前，要说上几句寒暄和问候语，这样能让不相识的人相互认识，让不熟悉的人相互熟悉，让严肃沉闷的氛围变得轻松活跃。"

寒暄传递的是令人快慰、促进友好的信息，是社交中不可缺少的"佐料"。一句"早上好！""再见！您慢走"传到对方耳中，送去的是温暖与关怀，所以，寒暄之"暄"从"日"不从"口"，为温暖之意。社交中，通过寒暄，给对方多一些温暖与关怀，有利于沟通感情，创造和谐的交流气氛，这正是成功交际所需要的。

巧妙寒暄，拉近彼此距离，你需要做到以下几点：

1.注意声音的大小

寒暄时的音量不宜过小，小声说话往往会给人不够开朗的感觉。另外，就算不会给人不够开朗的感觉，也会给人缺乏自信心的印象。这种人就算说话的内容再精辟，给人的感染力也不会太强。

2.要充满感情

无论在学校、在家里还是在职场，"上午好""下午好""晚上好""晚安"这类问候语要天天说。比如，新知故友在街上相遇时，要相互打招呼。同事之间每天在办公室见面时要相互问候。左邻右舍在电梯或楼梯上相逢时要互相打一声招呼……

3.要看对象、分场合

问候语具有非常鲜明的民俗性、地域性的特征。比如，老北京人问别人"吃过饭了吗？"其实就是类似"您好！"的问候。如果会见外宾还用这句话问候别人，就容易发生误会。因此，你如果对对方的身份不是很了解，那就说一些比较常见的问候语，以免造成误解。

4. 带着你的微笑

虽然寒暄时的用语和表达方式会因为每个人的文化和习惯有所差异，但是寒暄中的"笑脸""主动打招呼"是普遍的准则。生活中，许多人对于不带微笑的寒暄，极易产生不快的感觉。假如我们有求于别人，被别人微笑着拒绝，我们也不至于太过抱怨。因为同样是拒绝，如果对方虽然礼貌，却无半点笑容，我们就会觉得受到冷遇，不愉快的心情也就油然而生。

寒暄还能传递尊重和关心。试想，如果一位客服人员没有与客户寒暄，进门后只谈与工作有关的话题，恐怕客户会认为客服人员对自己不够关心，双方的关系也就不会那么融洽，客户也不会主动说出自己的新需求了。

初次见面，称呼要仔细斟酌

人际交往离不开语言，如果把交际语言比喻成浩浩荡荡的大军，那么称呼语便是这支大军的先锋官，通常情况下，我们都是先打招呼再说话的。然而，仅有称呼也不行，还要看你的称呼是否合适，因为人们对称呼的恰当与否一般很敏感。所以，想要让一段交往更加顺心如意，请先考虑好如何称呼对方吧！

有个骑马赶路的年轻人，见天黑了，就想找个客栈住下来，正好身边有一位老汉经过，他便在马上高声喊道："喂！老头儿，离客栈还有多远？"老汉回答："五里！"年轻人策马飞奔，急忙赶路去了。结果一口气跑了十多里，也不见人烟。他心想，这老头儿真可恶，说谎骗人，非得回去教训他一下不可。他一边想着，一边自言自语道："五里，五里，什么五里！"猛然，他醒悟了过来，此为"无礼"，非彼"五里"呀！于是，他掉转马头往回赶。不多时，他追上了那位老汉，急忙翻身下马，亲切地叫道："老伯……"话没说完，老汉便说："客店已走过去很远了，如不嫌弃，可到我家住一宿。"

可见，对一个人的称呼在人际交往中是何其重要。

王丽今年30岁，她自己经营着一家店，主要卖一些时尚的帽子及饰品。因为整天忙着店里的生意，也没有什么闲暇时间保养自己，所以，外表上看来，王丽的年纪显得有些大，但是王丽最讨厌别人说自己的年纪大。

一天，王丽去附近的商品城批发夏季帽子，一个二十四五岁的女孩子走了过来，说道："阿姨，进货吗？快来看看吧，都是一些时尚新款，非常漂亮，您肯定喜欢的。"王丽"哼"了一声，白了那位姑娘一眼，径直往前走。而到了另一家批发商那里，一位同样二十四五岁的姑娘热情地迎了出来，说道："姐，您是看帽子吗？您请进，有什么想法尽管跟我说，今年来了很多新款，挺时髦的，我给您介绍一下。"王丽听闻心情大好，来了兴趣，这边看看，那边摸摸，批发了很多帽子。

与人接触的第一个词就是称呼。不知道怎么称呼对方，就很难使对方产生亲近感，对沟通不利。所以，熟识的人见面，打招呼时要亲切地称呼对方；与陌生人联系，交谈之前更要采用恰当的称呼，以示尊重。

1.记住对方姓名

出于自尊，每个人都希望别人能记住和尊重自己的姓名。与人寒暄时不只说"您好"，而是在"您好"前面或后面冠以对方名字，这样做能够产生很积极的心理效应。我们对久别之后仍能一下子叫出自己的名字的人，总是会感动万分、钦佩不已。

2.注意对方的年龄

见到长者，一定要呼尊称，特别是当你有求于人的时候。比如，"老爷爷""老奶奶""老先生""老师傅"等。看年龄称呼人，要力求准确。比如，看到一位二十多岁的女性就称"大嫂"，可实际上人家还没结婚，这就会使人家心生不悦。

3.注意对方的风俗习惯和文化背景

来自不同的地区的人，有着不同的文化修养和宗教信仰，在称呼对方的时候一定要注意这些细节。比如，对一个南方人，就不要称呼"师傅"，因为在他们的观念里，这是出家人的专用词语。

4.对领导的称呼要区别不同的场合

在日常生活中，对领导可不称官衔，因为这样使人感到平等、亲切，也显得领导平易近人，没有官架子。但是，如果在正式场合，如开会、与外单位接洽、谈工作时，称领导为"赵局长""孙厂长""李经理"等，常常是必要的，因为这能体现工作的严肃性，并维护领导的权威。

与人相处时，称呼恰当、讲究分寸，这是一个非常好的习惯，有利于沟通。一声亲切的称呼、一句恰当的问候，既消除了沟通的障碍，又展现了自己的热忱和尊重。所以，千万不要小看日常交往中的称呼，时刻注意称呼是否恰当是社交中必须做的事情。

第一句话可以先声夺人

与人交往时，我们所说的第一句话至关重要。首先，第一句话往往有着先声夺人的效果。即使对方还没有来得及细细观察你，不知道你的脾气秉性、为人品质等，也能通过你的第一句话对你有所了解。最重要的是，如果你的第一句话能够打动人心，则对方一定会被你吸引，从而聚精会神地听你讲第二句话。否则，如果你第一句话就说得毫无气势，对方就会对你失去兴趣，更不会仔细听你下面的话。如此一来，即使你下面的话再精彩，也需要耗费很多精力和时间才能再次吸引他人的注意。

很多人曾有过演讲的经历，或者至少听过演讲。演讲的时间往往短，如果不能在开场白时就吸引广大听众，演讲就很难获得成功。因而，我们在演讲时，第一句话一定要说得掷地有声，因为第一句是最重要的，是奠定整个演讲基调的一句话。当然，虽然我们的生活不需要天天演讲，我们也不是演说家，但是我们每天都难免要与他人交流。这些人或者是陌生人，或者是熟悉的人，但是因为交流的目的不同，我们依然要吸引他们的注意力，从而让自己的表达产生一定的效果，唯有如此，才能铺垫基础，让下面的交往更加顺利。

1883年，马克思去世。为了悼念一生的革命战友和挚爱的朋友，恩格斯发表了著名演讲，题目是《在马克思墓前的讲话》。内容如下：3月14日下午，还差一刻钟三点时，现代社会最杰出的思想家、共产主义的先驱停止了思想。仅仅让他独自留在房间里两分钟，等到我们再次进入房间时，发现他已经开始在安乐椅上熟睡——再也不会醒来了。对于欧美国家的共产主义者的战斗，对于历史科学的探索和研究，马克思的离开都是难以估量的惨重损失。在不久的将来，人们必将感觉到，这颗巨星的陨落，会给后世带来无法弥补的空白。

在这篇简单而又悲痛的演讲稿中，恩格斯没有说马克思去世，而是说这位巨人停止了思想，突然间就永远地睡着了。这种委婉的表达，让人深刻感受到恩格斯因为马克思的去世而产生的悲痛之情，也使悲痛的气氛弥漫开来，让人感同身受。毫无疑问，在场的每一个人都会被恩格斯这充满悲痛的悼念感染，沉浸在对马克思的深切怀念中。这就是与众不同的开场白独特的魅力和神奇的力量。

在日常生活中，与他人交流时，我们应该用心说好第一句话，这样才能牢牢地吸引他人，让他人更加聚精会神地听我们讲话，从而更好地领悟我们的意思。毫无疑问，每个人都要与他人交流，而交流作为人与人之间思想沟通的重要手段，有着难以替代的作用。要想建立良好的人际关系，我们必须勤学苦练说话的基本功。尤其是在人多的场合，更是只有说好第一句话，才能帮助我们成功吸引他人注意力，如愿以偿地达成自己的心愿。

诸如在职场上，很多公司在年终总结时会举行盛大的年会。在这一年一度的年会上，有些人会想办法让自己从众多人中脱颖而出，从而为自己的未来争取更多的机会。相反，如果一个人总是默默无闻，则很难成功吸引眼球，更别说从公司的济济人才中脱颖而出了。那么，如何在年会上脱颖而出呢？对此，每个人都有自己不同的做法，有人通过表演、搞笑博得眼球，有人通过低调内敛的发言吸引领导注意，也有人通过猎奇夸张的表达毛遂自荐。不管使用哪种方法，精彩的语言都是必不可少的。如果你对自己的未来有着良好的规划，不如从现在开始就勤学苦练说话的基本功。尽管说话不是你平步青云的唯一条件，但是你通往成功之路的必要条件。因而，每个人都应该足够重视说好第一句话，且付诸实践。

学会与陌生人搭讪，让交往水到渠成

在面对陌生人时，如何与他人搭讪，这是个难题。一旦我们解决了这个难题，与陌生人搭讪的成功率就会极大提高，当然，我们也会因此结识更多的人，为自己争取更多的机会。常言道，多个朋友多条路，我们唯有抓住每一个机会为自己拓展人脉关系，才能在职场上因为丰富的人脉关系而如鱼得水。

作为二手房经纪人，婷婷的销售业绩始终是店里最好的。婷婷的学历并不是最高的，且皮肤黝黑，五官清瘦，算不上漂亮，说起话来还总是直截了当，为何她的业绩这么好呢？很多客户只要跟着婷婷看过房子，就对她赞不绝口，这让其他同事羡慕不已。

前段时间，婷婷无意间认识了一个客户。这个客户是个年轻的女孩，看起来二十七八岁，而且不太愿意说话，话比较少。第一次接触这个客户，婷婷觉得心里没底，很快看完几套房子，她就与客户分开了。到第二次看房，中间经历了两个多星期。原本，婷婷都觉得客户可能没什么意向了，不承想，客户又同意跟她看房。这次,婷婷带客户看了好几套房子,历时两个多小时。好不容易看完房子,婷婷把客户带回店里沟通,听到客户接电话时,电话里传来河南口音。婷婷喜出望外,等到客户打完电话,赶紧惊喜地问:"刚刚给你打电话的是河南口音?"客户点点头,说:"是我男朋友的妈妈,他家是南阳的。"婷婷高兴地说:"哈哈,咱们是老乡啊,都是河南人的媳妇儿。"客户也很惊讶,说:"你老公也是河南的?""对呀,我老公是南阳镇平的,你男朋友家是哪里的?""就是南阳市区的。""太让人惊讶了,以前在北京生活时,我身边有很多河南人。现在到了南京定居,我以为河南人很少了呢!"这下轮到客户惊讶了:"你还在北京生活过?""对呀,我在北京生活了十几年,为了给孩子落户,才来南京定居了。""太巧了。"客户也觉得难以置信,"我男朋友的爸爸现在还在北京工作呢。"婷婷马上找到了话题,更加滔滔不绝。后来,婷婷还特意与老公一起邀请女孩一家人吃饭,他们变成了老乡和朋友。

婷婷很聪明,心思细腻,因而在客户的一通电话之后,马上找到了搭讪的理由,即都是河南人的儿媳妇。尽管客户只是准儿媳妇,但是既然已经着手买婚房了,自然也对与河南相关的人和事很亲近。如此搭讪,效果出人意料。如此一来二去,她与客户的关系也越来越亲密，工作自然就水到渠成了。

现代社会，尤其是在大城市里，打拼的人们往往来自全国各地。因而，人与人之间很难像在老家的小城市那样攀上亲戚关系，但是搭讪并非局限于亲戚关系。细心的人会发现，其实有很多关系可以用得上来与他人搭讪。例如，老乡关系（同省的都可以称为老乡，如果在国外，则中国人都是可以称为老乡）、校友关系，或者志同道合，有着共同的兴趣爱好等。

第四章

消除陌生感,初次相识与人尽快熟络

初次见面后不积极主动，很快会被遗忘

我们与陌生人也许可以一见如故，但是很难马上成为朋友，因为每一个慎重的人在结交朋友之前都要认真考察对方，才能更加深入地了解对方，从而为自己与对方的交往奠定良好的基础。然而，很多人觉得见面之后分开就是交往结束了，既然刚刚见过面，就根本没有必要再与他人客套。

其实不然。初次见面后，人们对于彼此的印象还比较浅淡。假如这种情况下不抓住刚刚分开的绝佳时机，帮助他人对我们形成更深刻的印象，那么毫无疑问，他人一定会渐渐遗忘我们。我们必须更加积极主动，才能让他人记住我们。

林丹是一家房地产公司的销售人员，每次与客户见面之后，客户总是能记住她的名字，并且在下次再见她的时候亲热地叫出她的名字。可想而知，林丹与客户像朋友一样相处，业绩当然非常突出，在工作上也如鱼得水。

很多同事纳闷儿林丹是如何让客户记住自己的，因为他们的一些客户再次去门店的时候，根本连他们姓什么也不知道。

当然，这是林丹做业务的小秘密，所以直到她成为销售主管，她才把这个秘密和下属们分享。原本，每次接待完客户后，不管这个客户的来源是网络还是门店接待，抑或是来自同事的转介绍，只要与客户分别，林丹就会马上给客户发一条详细介绍自己的短信。在短信里，她不但注明自己所在的公司以及公司的地址，还会向客户强调自己的名字以及自己的特长。很多同事知道林丹的短信长得像是简历，而且也已经帮助林丹成交了很多客户，为公司创造了很多利益。

毫无疑问，林丹非常聪明。她知道人不管做什么事情都要趁热打铁，所以她才会在刚刚与客户结束联系时，就把公司的名称、地址以及自己的相关资料都以短信的形式发送给客户。这么做除了可以帮助客户加深对她的印象外，也可以帮助客户从诸多电话中区分出来她。在以短信形式趁热打铁地向客户推送自己时，一定要把握好时机。正所谓趁热打铁，只有在最短的时间内给客户发信息进行自我介绍，效果才是最好的。

此外，我们还要自己组织语言问候他人。逢年过节，很多人都喜欢使用群发短信祝福各位朋友和亲人，殊不知，这种群发短信已经泛滥。如果某位领导或者重要客户已经收到数十条和你发的短信一样的内容，他们还会对你留下深刻印象吗？只怕他们会对你极其不满意，甚至对你心生不好的印象。

总之，再好的问候短信，也不如彼此相处时给对方留下深刻印象来得更好。我们不要一味地把工夫花在事后，而要在与他人相处时对他人积极热情，还要尽量创造机会与他人单独相处，这样一来他人必然对你留下深刻印象，也会因为对你深入了解而更加器重你。记住，我们只有与众不同，才能真正做到鹤立鸡群。如果我们的外表并不能给人留下深刻印象，那么我们就要及时弥补，以非同寻常的短信，让对方对我们刮目相看。

首因效应

笑脸相迎，展现善意

与陌生人相处，因为事先并不了解对方，更无法预知自己将会于什么时候与对方相见，所以我们会觉得丈二和尚摸不着头脑。而且，我们之中的很多人更因为缺乏自信，惧怕未知的结果，所以总是畏畏缩缩，始终不敢迈出与陌生人相处的第一步。实际上，人与人之间除了语言交流外，很多时候，即使我们一言不发，也能够通过对方的言行举止了解对方的内心。

在这个世界上有很多的国家和民族，有些国家和民族之间语言根本不通。在这种情况下，我们也许无法与其他人进行良好的沟通，但是能通过脸上的笑容表露心底的善意，让对方知道我们的内心是很善良友好的。有人说音乐是没有国界的，也有人说笑容是走遍世界的通行证。当然，音乐并非大众的，如果没有接受过一定的指导，普通人并不能把音乐使用得恰到好处。但是笑容则不同，每个国家的人，哪怕是没有经历过教育的人，都可以绽放美丽的笑容。很多婴儿才几个月，就会以笑容示人。曾经有人说，婴儿美丽的笑容是非常纯真的，是这个世界上最美丽的风景。的确，每个人心底的善良和美好不仅能够通过眼神表现出来，还可以通过笑容展现出来。

虽然笑容总体而言展现的都是美好，但是不同的人的笑容有着不同的含义。诸如有些人的笑容真诚，有些人的笑容美好，有些人的笑容表现出对他人的平等相待和尊重。总而言之，我们必须学会微笑，才能拥有这个世界上最美丽的妆容，也才能拥有与他人交流时通用的语言。

一个人如果没有笑容作为装饰，哪怕他衣着华贵或者满身名牌，也同样无法得到他人的爱和尊重，更无法博得他人的认可和好感。毋庸置疑，华丽的服装不能代替一个充满笑意的面孔。从这个意义上来说，一个人的神情所起到的作用，远远超过他的衣着和打扮。

真诚的微笑是非常神奇的，拥有强大的力量，瞬间就能帮助我们与他人建立联系。毋庸置疑，真诚的微笑每个人都可以信手拈来，也是最简单而又最珍贵的人际交往润滑剂，要想拥有真诚的、打动人心的微笑，我们就必须摆正自己的心态，真诚友善地对待他人，这样才能缩短人与人之间的距离，与陌生人瞬间变得亲近和熟悉起来。

现实生活中，在面对陌生人的时候，我们也许没有时间展示自己的与众不同和善意。很多时候，我们根本没有机会说起自己，对方也许就会对我们先入为主。为了避免给他人留下不好的印象，我们第一时间就要露出真诚的笑容，这样才能让我们和他人的感情多几分融洽，才能使我们与他人的交往更加和谐顺畅。否则，如果我们面部表情僵硬，绝不轻易牵动面部的肌肉，我们当然会在拒人于千里之外的同时，也被他人拒于千里之外。

常言道，伸手不打笑脸人。这句话告诉我们，只要我们满面笑容，心怀善意，他人就算不欢迎我们，也不会对我们毫不客气。很多时候，一旦人们彼此顾忌对方的面子问题，事情就有了缓和的空间和余地，我们也就不会被他人拒之门外，也就有了回旋的机会。

然而，需要注意的是，笑容绝不是谄媚。在人际交往中，我们既不能摆着一张冷冰冰的脸，也不能对他人阿谀奉承，总是虚情假意地微笑。真诚的微笑拥有强大的力量，它就像是三月阳春的暖阳，能够瞬间打破别人心中的坚冰。但是虚假的微笑却令人作呕，聪明人绝不愿意接受这样虚情假意的奉承。所以，我们在对陌生人微笑时，一定要真诚友善，让笑容为我们打开陌生人的心扉。正如人们常说的，爱笑的女孩运气总不会太差，同样的道理，爱笑的每个人运气都不会很差。当我们发自内心向他人绽放我们的笑容，当我们以微笑点燃他人心中的温情，我们与他人的交往自然就水到渠成，事半功倍。记住，世界正因为有了你的微笑，才变得愈发美丽。

炒热氛围，让交谈更愉快

交谈是需要氛围的，假如我们与他人交谈的时候总是瞻前顾后，而且总是出现冷场的情况，那么，我们与他人的交谈就无法顺利进行下去。现实生活中，我们要想更好地与陌生人交谈，必须调动现场热烈的气氛，从而让我们与陌生人的交谈更加顺遂如意。

那么，怎样才能营造交谈的热烈气氛呢？首先，我们要真诚友善，充满热情。其次，我们要主动与对方搭讪，让对方感受到我们对于交谈的积极性。最后，我们还要找到合适的话题，最好是找到让对方感兴趣的话题，这样对方才能对交谈兴致浓郁。

很多从事销售工作的人知道，要想让客户对我们留下好印象，我们就必须在与客户交谈时调节好气氛，从而让我们与客户的交谈更加和谐融洽。有些销售人员与客户谈话总是单刀直入，直奔主题，这无疑是很不好的。归根结底，我们必须在奔向主题前和客户打好招呼，打开客户的心扉，这样才能让客户倾心与我们交谈。此外，我们还要使气氛变得活跃，这样才能打破僵局，使交谈朝着我们预期的方向发展。

很多人误以为正式的谈判都是一本正经的，殊不知，谈话必须先调动氛围，才能更好地进行下去。如果不是非正式的商务谈判，我们完全可以从很多小的事情着手，从而帮助我们与他人之间进行良好的互动，也使得气氛变得轻松自如，交谈自然水到渠成。此外，我们还可以与陌生人说起我们的糗事，暴露我们的缺点和小小不足，这样他们自然会对我们的情况有更加深入的了解，也会对我们敞开心扉。

有段时间，马姐发现办公室里新来的小李总是一个人呆呆地坐在工位上，不知道做什么才好。对此，马姐觉得很着急，因为是办公室主任，她希望办公室里的每个人都开开心心地工作，从而实现高效率地工作。

一天下班后，马姐也磨磨蹭蹭没有及时下班，同在办公室里的还有小李。小李看到马姐还没回家，开口问：“马姐，你怎么还没下班哪！”马姐故作烦恼地说：“别提了，我可不愿意回家。我家老公三天两头出差，孩子也在爷爷奶奶家，我自己回去无聊死了。这些男人真是过分，一旦出差连家都不想回了，为此我不知道和他吵过多少次！”看到马姐自曝家丑，小李有些难过地说：“其实，我最近也在和老公吵架。他的工作总是需要驻外，我想让他换份工作，他却不肯。但是你看看我都三十多了，到现在连孩子都不敢生，他不在家，我一个人怎么带孩子呢！"说完，小李的眼睛都红了。就这样，她和马姐打开了话匣子，渐渐地，关系也越来越亲近。后来，马姐和小李成了很好的朋友，小李工作起来也更加努力了。

马姐之所以能够打开小李的心扉，就是因为她先自曝家丑。所以，小李在感受到马姐的真诚和坦率之后，也主动敞开心扉向马姐诉苦。这样一来，两个彼此知道秘密的人自然会成为好朋友，彼此真诚相待，关系也越走越近。

总而言之，要想让交谈的现场气氛持续升温，我们最重要的就是要与对方拉近心与心的距离，这样才能彼此信任、彼此亲近，与他人之间的交谈也会变得更加和谐融洽。很多人在交谈的过程中，会巧妙地找到自己与他人的共同点，从而拉近自己与他人之间的距离。不管用哪种方法，只要能够达到目的，就是好方法。

要知道，人总是不愿意听别人自我炫耀或者夸夸其谈，反而很喜欢听到他人不如意或者不光彩的事情，从而对对方形成亲近感。因此，我们如果能够适当暴露自身的小弱点给别人，就能够与别人拉近距离，友好相处。总之，我们必须营造良好的交谈氛围，才能与他人之间更加和谐友好，形成良好的互动。

小小零食，能搭建通往他人内心的桥梁

人与人之间最遥远的距离，不是相距在地球的两端，而是虽然近在咫尺，心与心却相距万里。然而，心与心之间的距离实际上也并非我们想象中那么遥远，很多时候，只需要一个小小的美味零食，我们就能拉近与他人的距离。

经常看影视剧的朋友们会发现，坏人想要接近孩子，都会拿着花花绿绿的糖果或者零食，这样轻而易举就能诱惑孩子离开父母的身边，跟随他们走远。的确，孩子很纯真，也没有心计，更是容易被人欺骗。但是这里，我们也能看到小零食的强大魅力，其实，无论是小孩子还是成人，都是对零食情有独钟的。人们常说，吃人的嘴软，拿人的手短，很多时候，我们一旦得到他人的馈赠，就能感受到对方的善意，会心甘情愿地与他人交好。我们可以让零食派上正当的用场，这样一来，我们不仅能与他人关系亲近，而且能与他人友好相处。

现实生活中，很多女孩喜欢随身携带零食，从而时不时地吃一些，但是有的人却不喜欢吃零食。其实，不管是否喜欢吃零食，我们都可以随身携带一些，分给那些需要的人吃，这样

无形中就能拉近与他人之间的距离，使我们与他人的交往更加顺利。

  大学毕业后，小马进入一家公司当推销员，主要负责推销办公用品。当然，小马刚刚大学毕业，既没有关系，也没有资源，因而只能每天拎着公司的样品四处奔波，向写字楼里的各家公司推销。

  可以想象，小马最初的推销工作并不顺利，但是他并不气馁，依然每天辛苦地拎着样品四处推销。一天中午，小马来到一家写字楼里，正当他准备向前台客服人员推销办公用品时，前台客服人员突然对身边的同事说："哎呀，我突然有些低血糖，犯晕了。"这时，小马从背包里取出一袋巧克力递给前台，说："低血糖容易头晕，快吃吧！"前台可能的确觉得心慌气短，因而赶紧吃了一块巧克力。她很快就觉得舒服些了，所以对着小马笑了笑。这个时候，小马恰到好处地拿出自己的办公用品，并且说先给前台试用，试用好了再进行下一步的合作。前台对这个帮助自己的小马颇有好感，因此当即点头答应，并且在后来试用之后对上司大加夸赞小马的办公用品。可想而知，小马凭着一袋巧克力，终于打开了自己工作上的局面。最有趣的是，他后来还和前台成了好朋友，最终两人变成了男女朋友。

很多人觉得男人爱吃零食，或者随身带着零食是很可笑的事情。其实不然，每个人都需要吃东西维持体力，男人又不是超人，为何不需要随身携带零食充饥呢？最关键的是，如果男人在适当的时候把零食送给他人，不但会瞬间拉近自己与他人之间的关系，而且会让自己得到他人的认可和赞许，从而使自己与他人的交往顺遂如意。

人与人之间的距离说近就近，说远就远。要想与他人拉近距离，瞬间与他人变得熟悉起来，不如先讨好他人的嘴巴。我们必须相信，只要足够大方，愿意付出，我们一定能够交到更多的朋友，也会得到朋友的倾心相待。

餐桌交谈，要用轻松愉悦的话题

每个人活在这个世界上，也许有很多事情不必做，但有一件事情却是每个人都要做的，那就是吃饭。通俗地说叫吃饭，说得文雅些，就叫用餐。中国在几千年的悠久历史中，更是把饮食作为一种文化发扬光大。

现代社会，人们的生活水平越来越高，对于饮食也越发讲究，更加精细。从茹毛饮血的远古人类，到今日拥有高度文明的人类社会，人的发展并非三言两语就能概括完了的。现代社会流行酒桌文化，很多人意识到唯有在酒桌上把酒喝好，把感情沟通好，接下来的事情才能办理得更加顺畅。殊不知，除了美酒美食外，用餐时更需要好言好语佐餐。否则，一旦说错了话，做错了事情，哪怕食物再怎么美味，也很难使人保持愉悦的心情和良好的食欲。

现代社会，人们的生活节奏越来越快，工作压力越来越大，很多人一日三餐中只有一餐能踏踏实实坐在家里，陪着家人一起享用。其实，西方国家同样重视饮食。很多西方家庭为了保持良好的家庭气氛，规定家庭成员每周必须有几天的时间一起用餐，从而使家庭成员更加融洽地相处。然而，对于一些忙碌的中国家庭而言，晚餐是唯一一全家人能够安安分分坐在一起吃饭的时候。因而，在享用晚餐时，很多父母会借机询问孩子一天的学习情况，遇到不满的事情，还会毫不客气地训斥孩子。如此一来，孩子们如何能够拥有愉快轻松的晚餐时光呢！而且，因为精神和身体上的紧张，孩子们还会消化不良，影响身体健康，可谓得不偿失。

当然，不仅儿童进餐心情不愉悦会影响食欲和身体健康，成人进餐的时候也要保持愉悦的心情，尤其不要说那些惹人不高兴的话，否则就会变得郁郁寡欢，连消化功能也变弱了。

这次期中考试，萌萌因为失误，数学成绩考得并不好。当天下午回到家里，妈妈一边吃饭一边问萌萌考试的情况。当听说萌萌考试成绩下滑了十几名，妈妈不由得火冒三丈："你是怎么搞的，最近是不是又心不在焉了！真不知道你的脑子里成天想的什么，人家学习成绩都是越来越高，唯独你的学习成绩次次下滑，我看你离倒数也不远了。"妈妈的话使萌萌的眼睛里瞬间噙满泪水。她不知道如何回答妈妈的话，但是她真的很想告诉妈妈她已经尽力了。

看到萌萌的眼泪，妈妈更生气了，喊道："别哭了，把眼泪憋回去，别影响我们吃饭的心情。"就这样，萌萌强忍住眼泪，根本不敢大声哭出来。她委屈地吃完饭，很快就感到胃疼不止。实在忍不住的时候，她告诉妈妈自己胃疼，妈妈不明所以，赶紧带着萌萌去医院。经过一系列检查，医生发现萌萌的胃部根本没有什么异常，因而详细询问了萌萌吃饭的情况。当得知妈妈一边吃饭一边批评萌萌时，医生恍然大悟，告诉妈妈："您不要在吃饭的时候批评孩子。也许您觉得您的批评并不严重，但是对孩子而言，他们却看得很重。这样一来，孩子心思重，心情郁闷，吃饭当然会影响胃肠道消化。"妈妈这才知道吃饭批评孩子会造成严重的后果，当即向医生检讨以后吃饭的时候再也不批评孩子了。

很多家长会犯这样的毛病，因为早晨时间紧张，没有时间与孩子沟通，又因为中午的时候和孩子不在一起吃饭，所以他们理所当然地把晚餐的时间当作亲子沟通的时间。当然，如果亲子沟通很愉快，那也无可厚非，但是假如餐桌上说的都是沉闷和让人不开心的话，孩子当然会觉得内心压抑，也会因此导致消化不良，甚至产生更加严重的症状。

古人云，食不语，意思就是说在进餐的时候要专心，要保持心情的平静，不要因为心情的波动导致消化功能受到影响。毋庸置疑，知道这个道理的人很多，但是能够真正做到的人却少之又少。我们要记住，除了一道道美味佳肴能够帮助我们佐餐，愉悦轻松的交谈对我们进餐时候拥有好心情也是大有裨益的。因此，在餐桌上交谈时，我们必须寻找到最合适的话题，从而让吃饭的人都保持愉悦的心情。

适度留白，给对方一些时间思考和回应

很多人说话喜欢滔滔不绝、口若悬河，似乎总是要和谁争抢着说话一样，恨不得把所有话都一股脑儿地说出来。这样当然是没有错的，但是忽视了重要的一点，即很多时候，我们说得太快，别人未必能够理解，说得太慢，也未必能够使我们的表达起到最好的效果。所谓凡事皆有度，说话也并非越快越好。如果就像是机关枪一样就把话说完了，却没有起到预期的效果，那么事情也未必能如我们所愿。

如今，有各种各样风格的画作，诸如印象派、野兽派等，但是有很多人唯独对中国的水墨山水画情有独钟。究其原因，他们是喜欢水墨山水画的独特韵味，尤其喜欢水墨山水画的留白。所谓留白，就是画面上的空白。也许有人觉得画作越满越好，但恰恰是留白，才能让一幅画显出独特的韵味。因而对于画作而言，留白是必不可少的，做人也是如此。说话要把话说得恰到好处，才能有回味的空间，也才会有回旋的余地。

有的时候，说话太快，失去了思考和解释的空间，还会使人产生误解。语速过快的话就像是一阵风飘过，什么也不能给

人留下。在这种情况下，我们唯有留白，才会让语言更丰富厚重、更有意义。而要想让他人把我们的话听到耳朵里，记在心里，我们就要给对方足够的时间去思考和消化，也要给自己更多的时间组织语言。

最近，张大妈正在买房，因而手里钱很紧张，后来又因为贷款出了点儿问题，导致她首付突然出现了五万元的缺口。思来想去，张大妈决定向一直都相处很好的刘大爷借钱。

张大妈买了些水果去刘大爷家，还没坐到沙发上，就开始说："我呀，这次来主要是想向你借几万元周转用。你不知道，我最近几天正在折腾买房的事情，不但把那点儿退休金都折腾进去了，还借了很多钱。现在银行也不知道是怎么了，明明我买房的时候还可以给我贷款七成的，但是突然改变政策，变成八成了。所以我原本准备了足够的首付，一下子就空缺了五万元。这样一来，我买房的手续就没法进行下去了。要是你有五万块钱，可不可以先周转给我用下，这样我就能继续把手续办完。不过你放心，我只用几个月，不会用很长时间的。年底我闺女儿子回家，都会孝敬我的，到时候我第一时间把钱还给你……"张大妈滔滔不绝地说着，根本没有留意到刘大爷面露难色，几次欲言又止，插不上话。

直到张大妈说完，刘大爷才说："真是不巧，我儿子不是在上海吗，上个月也刚刚买了房子。本来我们手里的确有十万元，但是上个月全给儿子了。上海房价实在太贵，仅靠着他们那点儿死工资，根本攒不出来首付，只能我们也竭尽全力地帮助他们了。"

听完刘大爷的话，张大妈突然满脸通红。早知道刘大爷没钱，她还啰唆这么多做什么呢！不过，她却忘记了，她说起话来滔滔不绝，根本没给刘大爷插嘴的机会呀。

所谓交流，就是要有来有往，有问有答，有我说的也有你说的，彼此的语言遥相呼应，才是真正的交流。假如把交流变成一言堂或者独角戏，就不能算是真正的交流，也就无法达到预期的目的。很多时候，人们说话总是不注意观察他人的反应，而是一个人急匆匆、不管不顾地说着，直到白费半天力气说完之后，才发现对方对我们毫无回应，而且就算有回应也根本不是我们想要的。在这种情况下，我们如果能够适当停歇片刻，给对方一些时间思考和回应，那么我们自身也能得到机会整理思路，从而使谈话进行得更加顺利。

我们有时候并不想和一语不发的人相处，因为觉得彼此相对两无言实在是一件很沉闷的事情。同样的道理，我们也不想和一个啰啰嗦嗦、说起话来没完没了的人交谈。因为人与人之间的交往建立在相互尊重的基础上，唯有给对方留出足够的时间来思考和内化我们的话，我们才能准确地将信息传达给对方，才能更及时地得到对方的反馈。这样一来，我们与他人的交谈自然更加顺畅融洽，也才能达到预期的目的。

第五章

初次结交，风趣幽默是最高段位的撒手锏

幽默的人，到哪儿都有朋友

我们毫不怀疑幽默的力量，可以说，幽默可以让你像明星一样受欢迎。在生活中，幽默的人受人喜欢是常事。现代社会，人际关系越来越复杂，许多人整天摆着一副冷脸，假如一直这样下去，朋友是不会上门的，更别说身边的机遇了。

我们经常会强调"人生无处不销售"的概念，不仅是销售商品，还要把自己推销出去，而且要销售出一个"好价钱"，让大家欣赏你、肯定你、欢迎你，想要认识你，希望可以跟你做朋友。当然，假如你正好是一个富有幽默感的人，那就可以在人际关系中享受明星般的待遇了。

某大学植物系有一位植物学教授，开的课尽管比较冷门，不过，只要是他的课，几乎每堂课教室都是爆满，甚至还有许多同学愿意站在走廊里旁听。当然，这不只是因为这位教授所具备的知识和资历有多渊博，而在于他的幽默风靡了全校，使得越来越多的同学喜欢上这位教授的课。

有一次，这位教授带着许多学生去一个原始森林做校外实践,在这一路上看到了一些叫不出名字来的植物。对此,学生都好奇地问老师:"这是什么?"不管学生们问到什么,教授都一一解答,耐心讲解。听着教授详细的讲解,一位女同学忍不住停下脚步,对教授赞叹道:"老师,您的学问好渊博呀,什么植物都知道得那么清楚!"这位教授回过头来,眨了眨眼睛,笑着说:"这就是我故意走在你们前头的原因了,只要看到不认识的植物,我就'先下脚为强',赶紧踩死它,以免露馅!"学生听了都笑得前仰后合,当然,我们可以想象,这样的一趟野外实习肯定是充满笑声的愉悦之行了。

从这一个小小的故事中,我们就可以知道为什么这位教授如此受人欢迎了。在课堂中,他会常常开个小玩笑,幽默一下,而这正是他广受学生欢迎的原因。如果我们学会幽默,那我们也可以成为一个受欢迎的人。

有一次,英国首相、陆军总司令丘吉尔去视察一个部队。由于天刚下过雨,他在临时搭起的台上演讲完毕下台阶时,由于路滑不小心摔了一个跟头。士兵们从未见过自己的总司令摔过跟头,都哈哈大笑起来,陪同的军官惊慌失措,不知怎么办才好。

没想到,丘吉尔微微一笑说:"这比刚才的一番演说更能鼓舞士兵的斗志。"顿时，士兵们对总司令的亲切感、认同感油然而生，必定会更坚定地听从总司令的命令，英勇战斗。

不管你是善用幽默化解尴尬，还是善于用幽默制造气氛，不管出于哪种目的，只要你是一个具备幽默感的人，那就是一个受欢迎的人。因为幽默的人是快乐的，他所能给我们带来的也是快乐，而谁也无法拒绝快乐。

幽默可以使人与人之间积极交往；可以缓解紧张，制造轻松的气氛；可以帮助人们找到冲突和情绪困扰的原因；可以用安全且不带威胁的方式表达内心的冲突。

在生活中，那些具有幽默感的人，往往可以挖掘出事情有趣的一面，可以欣赏到生活中轻松的一面，从而培养出自己独特的风格和幽默的生活态度。这样富有幽默感的人，容易让人产生亲近他的念头，这样的人，会使那些接近他的人感受到轻松愉快的气氛。当然，这群幽默的人总是那么受人欢迎。

幽默，让你笑口常开

古人云，笑一笑，十年少。由此可见，幽默对于人保持年轻的心态和健康的身体都是非常重要的。幽默不但是人际交往的技巧，而且是一门艺术。此外，幽默还能增加人的肺活量，对人的身体健康大有好处。当然，很多细心的朋友会有这样的发现，即在欢声大笑之后，原本抑郁的心情仿佛真的一扫而空。因而自古以来，幽默就被认为具有很好的强身健体和愉悦心情的效果，当然，幽默对人际交往的辅助作用也不容小觑。对于每一个想要成为社交新星，想获得众人瞩目的人而言，都应该努力提升自己的幽默能力，让自己变得更加受人欢迎。

自古以来，很多西方国家就很重视幽默的能力。不但很多女性朋友在寻找伴侣时会注重对方是否幽默，而且很多人在结交朋友，或者是招聘人才的过程中，也非常重视幽默的能力。生活不如意十之八九，人生不可能永远顺遂如意，所以我们唯有更加幽默，才能让自己笑口常开，从而驱散生活中的阴霾，给人生增添一些欢声笑语。

英国大名鼎鼎的作家萧伯纳曾经评价幽默："对于一辆马

车而言，幽默就像马车上的减震弹簧，能够避免马车在布满小石子的路上不停地颠簸。"的确如此，社交场合就像是一条坎坷崎岖的路，我们很难一帆风顺，而且有时还会因为别人的突发状况，遭遇各种意外。在这种情况下，我们是否能够机智灵活地运用幽默的能力化解尴尬，就显得尤为重要。尤其是在人多的情况下遭遇冷场或者尴尬时，如何巧妙运用幽默打圆场，往往决定了交谈下一步的进展能否顺利。因此，我们必须运用幽默锻炼自己的语言表达和人际交往能力，才能让自己得到更多人的肯定和认可。

苏格拉底是古希腊大名鼎鼎的哲学家，人人都知道他的妻子非常易怒，但是他却能够和妻子和谐相处，很少与妻子发生冲突。有一天，苏格拉底正在给学生们上课，学生们亲眼见识了他妻子的厉害。正当苏格拉底全神贯注地给学生们讲授知识时，妻子突然怒气冲冲地冲进教室，劈头盖脸就对着苏格拉底一通骂。苏格拉底不以为意，等到妻子离开之后，依然专心给学生们讲课。然而没过多久，他的妻子又拎着一桶水冲进教室，还把整整一桶水都浇到苏格拉底头上。苏格拉底从头到脚都湿漉漉的，原本学生们都觉得就算苏格拉底再有涵养，脾气再好，也肯定会大发脾气的。没想到，苏格拉底等到妻子走后，擦干净脸上的水，笑着说："我就知道，雷声之后，狂风暴雨一定会随之而来。"听到苏格拉底幽默的话，学生们全都大笑起来。就这样，苏格拉底只以一句简单的话就化解了自己的尴尬，也让学生们能够继续专心上课，把之前的不愉快都抛之脑后。

因为每个人都是这个世界上独一无二的个体，而且每个人的脾气秉性都是完全不同的，因而人与人之间难免会产生隔阂与摩擦，也可能会因此陷入尴尬的冷场和沉默之中。在这种情况下，懂得幽默的人则能够以幽默打破人与人之间的坚冰，让彼此从冷场转换到热烈的气氛中，让坚冰逐渐化解，这样人们之间的不愉快才能烟消云散。特别是在如今复杂的社会场合，假如我们和熟人交往时产生不愉快，尚且可以相互体谅和理解，让不快烟消云散。但是如果我们面对的是陌生人，那么因为彼此之间缺乏理解，我们很容易因为小小的不愉快就与对方心生隔阂。要知道，心结易结不易解，所以人们最好在交往之初就奠定良好的基础，这是比事后弥补更加明智理性的选择。

一般情况下，幽默的人都是有共性的，如性格开朗、积极乐观、心胸博大。在社交场合，幽默的人仿佛具备神奇的磁场和吸引力，能够把很多人吸引到他们的身边，让人们忠诚地环绕在他们周围。需要注意的是，幽默和滑稽是不同的，更与低俗的玩笑截然不同。滑稽和低俗的玩笑虽然能够使人当时发笑，但是很少能够给人带来真正的智慧和反思。面对人生的波折和坎坷，只有具备真正的幽默能力，我们才能寻找到更多的快乐，才能给他人带去更多的欢声笑语。如果说负面情绪是一种毒药，那么幽默则能够成功化解负面情绪的毒，能改变生活的状态，使人们拥有明媚开朗的人生。

首因效应

幽默，能迅速化解尴尬

在与陌生人相处时，假如好不容易才与陌生人成功搭讪，却因为一言不合，就与对方谈话中止，陷入难堪的沉默，那么无异于功亏一篑，会导致交谈不欢而散，甚至还会伤害我们与陌生人之间的良好关系。

每个人在一生之中都不是一帆风顺的，每个人都会面临生活各个方面的坎坷和不如意。现代社会，人际关系被提升到前所未有的高度，人脉资源更是很多人非常重视的资源之一。所谓多个朋友多条路，多个敌人多堵墙，尤其是作为职场人士，认识的人更多，拥有更多的朋友，也就更多了一些可能性。所以，我们必须充分认识到人际关系的重要性。

当然，经营好人际关系并非轻而易举的事情。人心往往很难揣测，尤其是在人们交往的过程中，更是充满了各种不可控因素。所以，要想与他人更好地交谈、交往，我们就要提升自己的应变能力。当我们能够打破尴尬和沉默，成功解救冷场，那么我们的人际交往能力就会有很大进步，我们也可能会因为被称为"冷场的救星"，而得到更多人的认可和尊重。

也许有朋友会问，用幽默化解尴尬，到底要怎么做呢？其实很简单，我们只要机智灵活，及时应变，就能巧妙使用各种幽默的方法化解尴尬。例如，我们可以利用同音字幽默化解，或者以子之矛，攻子之盾，从而将错就错，让对方无法反驳我们，只能哑巴吃黄连，有苦说不出。当然，幽默归根结底是为了营造良好的谈话氛围，帮助我们成功打破冷场，融化人与人之间的坚冰，让事情朝着我们期待的方向发展。

在宽阔的道路上，一辆公交车正在向前疾驰。突然，一只小狗从路边冲出来，导致公交车司机急刹车。坐着的乘客们还好，可以及时扶住前排座位的椅背，避免被磕碰到。站着的乘客可就倒霉了，一位男士毫无防备地冲到一位女士的身上，险些把女士撞倒。当时正值夏季，每个人都穿得很单薄，因而女士当即破口大骂："你怎么回事儿，什么德行啊！"男士其实也很尴尬，又不能狡辩是因为公交车司机急刹车，为了消除女士的愤怒，他当即灵机一动，说："女士，我很抱歉，不过这真不是什么德行，而完全是因为公交车的惯性。"男士话音刚落，车上的乘客们就爆发出友善的笑声，女士也忍俊不禁，再也不生气了。

这时，公交车司机马上道歉："很抱歉，对不起呀，刚才马路上冲出来一只小狗，我下意识地踩了刹车，大家没有受伤吧！"大家纷纷表示理解，没有人责备公交车司机，转眼之间，整个公交车厢里都充满了友好的善意。

在这个事例中，男士因为公交车突然刹车而撞到女士，原本也不是他的错，但是他却被女士狠狠批评一顿。幸好这位男士修养很好，没有当即为自己辩解，更没有对女士反唇相讥，而是以"惯性"和"德行"的谐音，巧妙解释清楚事实，还博得了大家谅解的笑声，最终如愿以偿赢得女士的宽容和理解。

每个人都很难脱离人群生活。在与人交往的过程中，人们难免因为各种原因产生大大小小的摩擦，在这种情况下，与其因为与他人针锋相对而导致人际关系恶化，不如以幽默的方式化解尴尬，这样不但能够化解冷场，还能够活跃气氛，使得人际关系更加和谐顺畅，社交生活更加美好。

善用比喻，让幽默别开生面

现代社会，很多人意识到人际交往的重要性，也更加注重提升自己的幽默感。的确，生活中处处都有幽默，也应该处处都充满了快乐。不过，要想让幽默的形式更多样、更生动，我们必须采取更多的方式表达幽默，这样才能让幽默具有永恒的生命力。

很多恰到好处、活灵活现的幽默，是与比喻分不开的。众所周知，比喻是一种修辞方法，它是由本体和喻体组成的，特点就在于把本体和喻体的共同之处融合起来，使其成为和谐的对比与统一。比喻如果用得好，就能够达到幽默的效果，因为它往往能够激发人们的想象力，使人们忍俊不禁。比喻能够帮助人们更加形象贴切、生动准确地进行表达。尤其是当我们比喻非常恰当的情况下，即便不增加笑点，也能给他人留下深刻的印象。因而朋友们，你们如果想要成为一个幽默的人，那么不仅要提升自己的文化素养和知识涵养，更要让自己变得有才情，从而可以将比喻可以信手拈来。这种情况下，再加上幽默风趣的语言，则效果一定出人意料。

大家都知道，唐僧的团队是十分优秀的团队，接下来，让我们来分析一下这个团队。唐僧作为整个团队的领导人物，他的使命感特别强，他始终牢记着去西天取经的目标，从不放弃。唐僧看起来懦弱，实际上他的个性极强。对于唐僧这样的领导而言，语言表达的技巧并非那么重要，他是以慈悲见长的。唐僧这种性格类型的人，很多企业都有。作为唐僧的重要弟子，孙悟空虽然能力超群，但是也有很多显而易见的缺点。在每一个企业中，对于孙悟空这样的员工都是又爱又恨的。除此之外，猪八戒是个懒惰的家伙，他总是蒙混过关，不愿意多出一点点力气。毫无疑问，没有任何企业欢迎这样的员工，但是这样的员工在每一家企业也都是存在的。和猪八戒相比，沙僧则好多了，他老实本分，坚持做好自己的工作，从不偷奸耍滑。因而像沙僧这样的人，常常是企业的中坚力量。总而言之，唐僧的团队其实非常普通，也有着严格的规章制度。他们最终之所以能够取得真经，正是因为他们能够团结协力，战胜了九九八十一难。

对唐僧而言，管理好这样的团队显然很难，因而他不得不提升自我，具备胸怀、实力和眼光。要知道，一个企业家如果目光短浅，无论如何也是无法做出辉煌的成就的。

凡事过犹不及，我们在运用比喻发挥幽默的能力时，也应该把握好度。不管我们所说的话有没有使用比喻，都应该准确贴切，而不能牵强附会，而且要适度。当我们过多地运用比喻，则很容易使人感到不知所云，尤其是当我们使用的比喻并非尽人皆知时，反而会使我们的发言变得艰涩难懂。归根结底，我们表达的目的是向其他人传达我们的意见、想法、态度、观点等，不管我们使用何种方式，都不能舍本求末。唯有符合语境，幽默才能起到锦上添花的作用。

首因效应

妙用民间俗语，让表达贴切生动

中国有上下五千年的悠久历史，因而文化博大精深，民间俗语、歇后语等也发展得异常繁荣。我们往往会发现那些普通百姓说起话来非常有智慧，这就是经验丰富带来的妙处。当然，要想根据不同的情形巧妙运用歇后语，我们必须尽量丰富自身的词汇量，这样才能多多积累那些说起来朗朗上口、异常生动美妙的歇后语、俗语等，充实我们自身的语言，让我们的词汇更加丰富翔实。

通常情况下，假如一个人能够在与他人交流的过程中适当使用俗语、歇后语等，就会使交流效率大大提高，也能使他人更加乐意听到你生动的表述，从而愿意与你进行交流。俗语和歇后语往往都是从很多含义深刻的故事演变过来的，不过在漫长的历史过程中，它们现在的意思和此前可能已经有很大的改变。因此，我们要想恰到好处地运用这些语言，就必须了解它们背后的故事，准确理解和领悟它们蕴含的含义，从而做到正确使用，以免引起误会，导致事与愿违。

第五章 初次结交，风趣幽默是最高段位的撒手锏

自从大学毕业之后，乔宇就留在大城市工作了。因为敢于吃苦，肯拼搏，几年之后，他已经成为公司的中层领导，可谓事业有成，春风得意。当然，他的薪水也水涨船高，从刚毕业时的四千多，几次加薪，如今已经月薪过万。得知乔宇一个月挣这么多钱，家里有很多亲戚朋友都想向他借钱，更有很多同学仗着和乔宇关系好，也毫不犹豫地开口。

有一次，有个同学因为要买房结婚，居然张口向乔宇借十万块钱，乔宇既不好意思直接拒绝同学的请求，又实在没有这么多钱借给同学，更因为他自己也有买房的打算，所以发自内心地不想把钱借给同学。思来想去，他说："哎，我不是不想帮你，可是我实在也是泥菩萨过河——自身难保。你看，你在老家买房子也就五六十万，我也正准备在工作单位旁买房，一平米就要三万多，买个四十平的都要一百多万。实不相瞒，我也正在四处筹钱呢，所以哥们儿别怪我，谁让咱们是同年的，还赶在一起成家立业呢！"听了乔宇的话，同学一下子也理解了他的窘境，对于都要娶妻结婚的人而言，房子真是个大难题呀。为此，同学哈哈大笑："听你这么说，我也是能理解。咱们可真是难兄难弟，什么事都赶在一起。"

通过使用歇后语，乔宇准确形容了自己的状况，为此，同学完全能够理解乔宇的意思，因而非但没有怪罪乔宇，反而非

常理解乔宇，对乔宇也感同身受。这样一来，他与同学之间的关系非但没有因为拒绝而变得生疏，反而因为彼此都是难兄难弟，更能相互理解，感情也更深厚了。

人与人之间的交流无法离开语言，作为沟通的媒介之一，我们除了要提高自身表达的能力和技巧，还要学会使用生动活泼的俗语、歇后语，这样才能让我们的语言变得更加准确生动，才能恰到好处地表达我们的情感，准确表达我们的心意。如此一来，人与人之间的交流自然就能变得更加和谐融洽，起到事半功倍的效果。

幽默恰到好处，能带来意想不到的效果

曾经有人说，幽默是人类智慧的最高表现形式。既然人们给予幽默如此之高的评价，我们在与人相处时也要发挥幽默的能力，给自己和他人带来快乐。然而，很多人对幽默存在误区，觉得幽默就是开玩笑、说笑话，其实不然。相比起玩笑和笑话，幽默显然级别更高。在人际交往时，幽默就像润滑剂，既能够给人们带来快乐，缓和人际之间的关系，又可以帮助人们活跃交谈的氛围。因此，幽默绝不是低俗的玩笑，或者是阿谀谄媚。

当然，人们做任何事情都有一定的目标，在面对他人表现幽默时，也应该做到有的放矢，才能一针见血、一语中的。对一个懂得幽默的人而言，即使面对尴尬的情况，也能够机智灵活地应对。如果能够恰到好处地表现幽默，则更能够给我们带来意想不到的效果，使人际之间的交往更加和谐融洽。

作为法国大名鼎鼎的剧作家，贝尔拉非常幽默机智，常常能给身边的人带来欢笑。有一次，他去一家顶级餐馆用餐，

侍者送来汤，贝尔拉却摇摇头，说："我不能喝这种汤。"侍者态度非常好，马上表示歉意，然后端走汤，再次送来菜单，并且耐心等待贝尔拉再次点了一种汤，又下单让厨房抓紧时间做。没想到，等到侍者把厨房新做的汤再次端上来之后，贝尔拉依然摇摇头，说："我不能喝这种汤。"侍者以为遭到恶意刁难，因而赶紧找来餐厅经理，餐厅经理问贝尔拉："请问先生，您对这种汤有何不满意吗？刚才您所点的两种汤是我们这里口碑最好的，很多顾客对其交口称赞呢！"贝尔拉这才笑着说："我知道这是你们的经典汤品，不过我真的不能喝它。"经理百思不得其解，问："您能说说原因吗？"贝尔拉的回答让在场的人都笑了起来，原来，他一本正经地说："我没有汤勺。"

贝尔拉不愧是著名的剧作家，对语言的运用和情节的把握恰到好处。他最后的那句"我没有汤勺"堪称点睛之笔，给前面铺垫的悬念带来了极佳的幽默效果。如此一针见血的回答，让原本心悬起来的餐厅经理和侍者也如释重负，非常欢乐。这就是幽默，虽然只有寥寥数语，却能够形成强烈的反差，使人们对这样的幽默印象更加深刻，难以忘怀。

当然，没有人天生就懂得幽默，或具备幽默的能力，大多数情况下，人们的幽默感都是经过后天培养的，只要养成幽默的习惯，我们就能口吐莲花，给他人留下良好的印象，给自己和他人都带来快乐。总而言之，懂得幽默的人能处处受人欢迎，成为社交场合的宠儿。

第六章

好的话题，让首次沟通和谐融洽

一个合适的好话题，是初步交谈的引子

生活中有这样一些人，他们能够很快地与陌生人打成一片，见什么人都有话可说。由于他们在任何交际场合都能有说有笑，人缘极好，因此消息很灵通，在与人竞争时无形中就占领了先机。他们之所以能成功，就是因为他们懂得如何开始一个话题，拉近彼此距离。

下面我们就来看一个具体的例子，看一下他们是如何和陌生人攀谈的。

一位穿着非常讲究的漂亮女士在一家金店的柜台徘徊了好久，看到之后，店员晓月走了过去，说："美女，您有什么需要的吗？我可以帮您介绍一下。"

"哦，我就看看。"这位女士的回答明显缺乏足够的热情。可她仍然在仔细观看柜台里的商品。此时，晓月如果找不到和顾客共同的话题，就很难营造买卖的良好气氛，可能会失去一笔生意。

这时，晓月看到了这位女士的裙子，这身裙子非常讲究，

很时尚，也很配她的气质，于是，晓月就说："美女，您的裙子真好看，非常搭配您的气质！的确很时尚！"

"是吗？"这位女士的视线从柜台上移开了。

"之前没注意到有这样的款式，感觉是新款，您是在哪里买的呢？是附近那家名品服装店吗？"这显然是晓月设计的话题。

"不是的，咱们这里没有这款衣服，这是我男朋友从国外给我买的。"这位女士终于开口了，并对自己的回答颇为得意。

"哦，怪不得，我还真没见过这样的款式呢，挺有气质的。说实话，您穿上这件衣服在这里一站，就感觉与众不同。"

"哦，是吗，谢谢。"这位女士有些不好意思了。

"其实，您应该也注意到了，您这件衣服需要搭配一点儿配饰，这样效果会更好的。"聪明的售货员晓月终于转向了主题。

"是呀，我也这么想，只是项链这种昂贵商品，我怕自己选得不合适……"

"如果您愿意，我可以帮您挑选一下，包您满意……"

于是，两个人开心地聊了起来，不一会儿，晓月就为这位女士选出了一条合适的项链。

善于寻找与陌生人之间的话题是一名社会人必备的交际能力。在与陌生人相处时，善于展开话题，能够有效地拓宽自己的交际圈，为自己的人生以及事业的发展奠定坚实的基础。

李敏敏是一家服装店的导购员。第一天上班的时候，走进来一位体形偏胖的女士。李敏敏赶紧迎上去说："大姐，不好意思哈，我们这里没有孕妇装。"

"孕妇装？啥意思？你是说我是孕妇？"女士很不高兴地瞪了她一眼。李敏敏这才明白过来，赶紧解释说："哦，实在不好意思，我看你肚子鼓鼓的，还以为你怀孕了。"

顾客一听更生气了，大声说："小姑娘，你说的这是什么话，你故意的吧？这种头脑还卖衣服呢！"说完就气呼呼地走了。李敏敏委屈地说："我不过说了几句实话而已，至于发这么大的火吗？"

作为一名导购，说话是非常核心的问题，案例中的李敏敏不仅不会说好开头语，连基本的如何交流的问题都掌握不好，这样怎能留住顾客呢？连顾客都留不住，又怎么创造业绩呢？

一个合适的好话题，是初步交谈的引子，是深度交谈的基础，是纵情畅谈的桥梁。衡量一个好话题的标准是，至少有一方熟悉，可以交谈；大家感兴趣，想谈；有展开讨论的空间，好谈。那么，如何找到这样合适的好话题呢？可以参考以下几点：

1.注意开场白

首先,开场白要让对方接得下去,有些人说话是给自己听,别人的反应如何不在他们考虑之列,这样是无法进行有效沟通的。因此,任何开场白都要让对方接得下去。谈话前要考虑气氛好坏、关系深浅和自己的谈话目的,再选择适当的谈话主题。

2.避免谈话禁忌

在与人交谈的时候,需要特别关注对方的特点,避开谈话双方的禁忌,以免进入"谈话雷区"。善于说话的人总是能找到最安全的话题,引起大家的谈论兴趣,在"雷区"之外会导致对方不悦的敏感话题也需要时刻注意避开。

3.谈对方喜欢的话题

"闻道有先后,术业有专攻。"多向对方请教他所擅长的事情,此可谓一举多得。一是表示尊重对方,表现出你谦虚好学的品质。二是给对方一个展现自己、发挥特长的机会。三是以静制动,尽量把话语权交给对方,做一个忠实的倾听者,这样的沟通才能赢得对方的好感。

4.说说业余爱好

喜欢唱歌或是跳舞吗?喜欢运动吗?喜欢听什么音乐?这些问题不能不问,不然你怎么知道他人的兴趣爱好呢?而且每个人都希望展示自己,初次见面找这样的话题,何乐而不为呢。

　　沟通的技巧之一就是要懂得对方的心理，放松心情，简明地开启话题，并从共同的话题中，给对方留下深刻的印象与好感，这样你想拥有好人缘便不再是难事。初次见面，交际双方都希望尽快消除生疏感，缩短彼此的情感距离，建立融洽的关系，同时给对方一个良好的印象。这时候，选择合适的话题尤为重要。

首因效应

好的话题，能成功引起对方的兴趣

很多人想找到沟通的突破口，却总是不得法，实际上，一切事情只有从根源着手，才能最大限度地解决问题。沟通也是如此。我们只有从心理上说服他人，才能让他人更加愉悦地与我们交流，而且敞开心扉，毫无隔阂。可以说，心理的突破口是人们敞开心扉的大门。尤其是在现代社会，人们几乎每天都要与他人交流，如果你能顺畅自如地与他人谈话，彼此之间毫无隔阂，你的人缘也必定越来越好。良好的人际关系不但能让你的生活更加便利，还会让你的事业如鱼得水。

需要注意的是，良好的沟通应该从浓厚的兴趣开始。要想让他人对你的话题感兴趣，你的话题必须能够引起他人的关注。倘若你刚刚提出一个观点，就被对方毫不犹豫地否决，你必然很尴尬。如果思维敏捷，还可以马上转移话题，进行新的尝试，但是如果思维迟钝，则只能尴尬面对，甚至是无言以对。由此可见，选择话题是非常重要的，这就像一个写文章的人必须写出一个最精彩的开头，才能吸引读者继续看下去。

作为意大利著名的科学家，伽利略曾经在年轻时被父亲要求学医。在他刚刚17岁时，父亲就不由分说地把他送到比萨大学的医学院学习。然而，伽利略对医学并不感兴趣，但对科学情有独钟。他在了解力学之后，突然就爱上了与此相关的科学。然而，他知道父亲是非常执拗的，如果直截了当地提出不愿意学习医学的想法，一定会遭到父亲的拒绝。为此，他思来想去，终于找到了一个成功率比较高的说服方法。

一天，伽利略走进书房问父亲："父亲，你与母亲是怎么认识的？"父亲抬起头，把视线转向儿子，说："我爱她。"伽利略又问："那么，在母亲之后，你还爱过别的女人吗？"父亲连连摇头，说："怎么可能呢？我对你母亲一见钟情，看到她的那一刻，我就决心要娶她为妻。"伽利略以羡慕的口吻说："难怪，你与母亲一直都恩恩爱爱，从未争吵过，婚姻也幸福和谐。"父亲笑着说："你这孩子，观察还挺细致。"伽利略随即话锋一转，说："现在，我也和你当年一样一见钟情了。"父亲听了之后，惊喜地问道："一见钟情？难道你有心仪的姑娘了吗？快说给我听听！"伽利略为难地说："我对科学的喜爱，就像你当初对母亲一见倾心一样，再也不会爱上其他的女人。父亲，我虽然年纪轻轻，但是我并不沉迷于爱情，不会三心二意，也不会经常改变心意。我只想与科学终生为伴，在科学的道路上勇攀高峰。"听了伽利略的话，父亲的脸色立刻阴沉下来。伽利略继续说："父亲，您很有才华，家庭生活也美满幸福。我继承了您的优点，我想要在学术的道路上有所建树。我不会增加您的负担，我愿意去申请奖学金。如果有一天，您能骄傲地告诉别人您是科学家伽利略的父亲，那您一定会倍感荣光……"父亲点点头，说："你说得有道理，我愿意去帮你申请奖学金，帮助你实现梦想。"伽利略激动地向父亲保证："父亲，我一定会成为一个让您骄傲的科学家。"

在这个事例中，原本父亲只想让伽利略学医，但是伽利略首先从父亲一生引以为傲的爱情说起，让父亲饶有兴致地听他说下去。接下来，他才从父亲对母亲的一见钟情过渡到自己对科学的沉迷，从而成功打动父亲，使其改变心意，支持他学习科学，在科学领域继续深造。由此可见，再固执己见的人，也有自己感兴趣的话题。在说服他们时，倘若我们能从他们最感兴趣的话题说起，再逐渐过渡到我们真正想说的话题，则说服成功的概率就会大大提高。

当然，不仅可以从对方得意的、感兴趣的事情说起，还可以从对方关心的事情说起。总而言之，我们的目的是吸引对方的注意力，从而成功帮助我们更好地表达自己的观点。只要能够让交谈和谐愉悦，让对方满怀兴致的话题，就都是好话题。这一点，我们必须用心琢磨，才能渐渐有更准确的把握。

从日常生活开始谈起，能迅速聊到一起

日常生活中，有很多话题等待我们去发掘和发现，对健谈的人而言，好话题无处不在。专业人士在进行演讲之前会进行充分的准备，但生活中很多场合的讲话，其实是根本不会预先知道的，也是不会有时间提前准备的。在这种情况下，如何更好地与他人展开交谈呢？又有哪些话题是在各种场合都适用的呢？除了前文提到的话题外，我们还可以从日常生活的常识着手。

正如前文所说，每个人不管身份地位的高低贵贱，最终都要回归到实实在在的生活中。每个人都不是不食人间烟火的神仙，这也就注定了每个人都要脚面对所处的环境，要认真地对待生活。由此一来，那些实用的生活常识总是能够引起人们的关注，久而久之，来自生活常识的话题也就得到了大家的欢迎和喜爱。毋庸置疑，说话的人也将备受瞩目，拥有好人缘。

前段时间，罗伯特应邀参加了同事的家庭聚会，在这次聚会上，他居然见到了大名鼎鼎的小说家亨利。很多人注意到了

亨利，因为宴会进行到一半时，大家都央求主人邀请亨利进行一次即兴演讲。要知道，并非每个人都能够亲耳听到大作家的演讲啊！主人有些为难，毕竟在宴会开始之前，他并没有告诉亨利将会要求他进行演讲。最终，因盛情难却，主人只好硬着头皮去征询亨利的意见。出乎主人的意料，亨利很快就同意了。

在即兴演讲中，亨利想到哪里就说到哪里，从婚姻关系到关于孩子的教养问题，再到很多家庭生活中的小诀窍，听得每个人都瞪大眼睛，生怕错过了每一个字。亨利一个小时的即兴演讲结束时，大家都给予了他热烈的掌声。毫无疑问，亨利的演讲非常成功。作为亨利的忠实粉丝，罗伯特也私下找到机会与亨利聊了几句。他恭维亨利："您真不愧是作家，出口成章，把每个人都牢牢吸引住了。您之前有准备吗？"亨利笑着摇摇头，罗伯特又问："那么，您是如何找到这么好的话题的呢？"亨利笑了，说："其实，我并没有刻意寻找。既然每个人都要过日子，我们为什么不说些生活常识呢？我想，每个人都难免受到夫妻关系和孩子教育问题的困扰，也很愿意与我分享生活中的小诀窍。"

在这个事例中，著名作家亨利应邀为参加宴会的来宾们进行即兴演讲，正是因为他从生活常识中寻找到最佳话题，他才获得了巨大的成功。亨利说得很对，每个人在日常生活中其实都共同面临着一些问题，对于这些问题，每个人都付出了极大的努力想要探究真相，当然也愿意与权威人士共同探讨和分享。正是因为这样的心理，大家才会非常喜欢亨利的演讲，也给了亨利莫大的肯定和赞赏。

其实，好话题随处可见。对任何一个人而言，丰富多彩的生活都是话题的来源，当一个人的生活非常枯燥乏味时，他说出来的话也必然很难吸引人们的倾听。相反，当一个人以渊博的知识和丰富的见地侃侃而谈时，他的谈话一定非常精彩，引人入胜。就像很多大作家之所以能够写出好的作品，正是因为他们扎根于生活，他们的创作都起源于生活，却高于生活。朋友们，从现在开始，让我们也重视生活，珍视生活吧！当你从生活这所大学毕业，你一定会发现自己获得了突飞猛进的进步！

首因效应

时尚，是让人感到轻松的话题

随着网络的普及，现代社会的信息传播速度越来越快，人们几乎足不出户就可以知晓天下大事。在这种情况下，时尚更新换代的速度越来越快，手机不停地推出新机型，各种有创意的时装也接二连三地推出。在这种情况下，要想融入人群，与他人更好地交流和沟通，不懂得时尚显然是不行的。

常言道，说话如同穿衣。爱美的人在选择时装的时候，总是不惜花费重金也要走在时尚的前沿。偏偏有些人不同，他们根本不关心时尚，也不关心当下的流行，只是一味地沉浸在自己的世界里，哪怕身边的人都在说时尚，他们也充耳不闻。毋庸置疑，这样的人是无法融入时尚的圈子里，与他人尽情交流的。

有些人也许天生就喜欢穿着传统的服饰，但是依然要对时尚有所了解。我们可以不盲目地追随时尚，但是不能对时尚充耳不闻。否则，当你被时尚拒之门外，或被时尚的话题拒之门外，你就会成为人群中格格不入的人。当然，不可否认的是，时尚的话题往往不够深刻。然而，生活除了深刻外，也要有很多让人感到轻松的话题出现，这样生活才能张弛有度，有紧张也有休闲娱乐。

作为一名育儿专家，玉巧的课堂上总是有很多妈妈。不过，有相当一部分妈妈都是刚刚接触玉巧的育儿课程，因而难免对玉巧感到陌生和疏远。为了打消妈妈们的隔阂感，使课堂气氛活跃起来，玉巧每次都会找一些合适的话题和妈妈们聊天。

这次上课，面对着绝大多数学员都很陌生的情况，匆忙赶到的玉巧突然惊讶地指着一位妈妈的裙子说："这条裙子真漂亮，是最新的复古款式吧！今年特别流行这种款式呢，我还想着有时间也去买一条。"那位妈妈有些受宠若惊，羞涩地说："谢谢您。"这时候，另一位妈妈也当即说："的确，这条裙子的颜色和花色都很好看，特别有复古的风格。对了，你这是在哪里买的呀？"那位妈妈分享了买裙子的地点，妈妈们马上你一言我一语地说了起来，都开始计划去团购了呢！看到妈妈们热烈地讨论着，现场的气氛也非常活跃，玉巧赶紧话锋一转，说："妈妈们都很时尚，都特别关心今年的流行元素，不过，接下来先让我们研究一下如何当个好妈妈，教育好家里的小孩，小孩省心，我们才能实现当美丽妈妈的梦想啊！"玉巧水到渠成地引入了当天的正题，妈妈们在这个课程中都非常积极踊跃地发言。

在这个事例中，玉巧之所以能够迅速地与这些陌生的妈妈打成一片，就是因为她知道时尚永远是女人们最关心的话题，也因此她才能够在最短的时间内调动起妈妈们的谈兴。气氛活跃了，接下来的课堂气氛自然也会非常热烈。

每个人都应该是时尚的宠儿，即便我们没有足够的钱追求名牌，但是至少也要知道一些时尚和名牌，这样在与人交谈时才不至于瞠目结舌，根本插不进去话。从现在开始，就让我们关注时尚，了解时尚，也让时尚成为我们信手拈来的话题吧！

多阅读，积累谈话素材

古人云，读万卷书，行万里路。在古代社会，不但行万里路很难，读万卷书同样困难，因为古代的典籍很少，知识也不够丰富。但是现代社会，随着交通工具越来越发达，不但行万里路变得轻而易举，随着文化事业的发展和繁荣，读万卷书也不再困难，只要愿意花费时间，总是有书可读的。只要坚持不懈地读书，每天进步一点点，不但能够开阔眼界，而且能积累很多的谈话素材，从而使我们有话可说，甚至出口成章。

书籍，是人类精神的食粮。很多人从小就养成阅读的好习惯，几乎每天都要给自己留出阅读的时间，坚持阅读。除书籍之外，很多报纸、杂志，只要多读读，就能够了解很多时事新闻，也能够帮助人们拓宽视野。要想积累更多的话题，让自己在与人交往时拥有更多的谈话素材，最好的办法就是每天能够坚持读一个故事。从小，我们每个人就都很喜欢听故事，长大之后，故事依然能够深深地吸引我们，很多节目、报纸和杂志等，也常常使用故事作为广播的开头，从而吸引人们的注意力。我们要想与他人更好地交流和沟通，同样可以选择以故事的形式开头。如果能紧紧地吸引住他人，我们一定会感到满满的成就感。

当然，读书并非一朝一夕的事情，我们不可能把今天晚上读到的故事，明天就讲给他人听。我们只有不断积累，让心中的故事达到一定的量，才能在需要的时候信手拈来，做到游刃有余。

作为伟大的推销员，乔每次向客户推销汽车时，不但真诚地邀请客户前来试车，还会满脸笑容地讲故事给客户听。他的故事娓娓道来，情节生动，总是能够吸引客户的注意力，从而帮助他成功地把汽车推销出去。

有一次，乔正在陪伴客户试车。当客户沉浸在车辆的新颖功能时，坐在副驾驶座位上的乔缓缓说道："当我还不是一位汽车销售员时，我最大的梦想就是拥有一辆属于自己的车。在每个炎热的夜晚，我都幻想着自己能够开着属于自己的车子，去兜风，去海边，这是多么惬意和令人神往的生活呀。我的车子里一定要充满皮革的味道，还要有曲调优美的音乐，当我打开敞篷的顶，在海边欣赏繁星点点的夜空时，这一切都使人感到无比幸福。我还想带着我最爱的人去兜风，我们用车载冰箱装满食物，到野外尽情享用。车子把我和我的亲人更紧密地联系在一起，也使我们的人生充满美好的回忆。为了实现自己的梦想，我非常努力地工作，在成为汽车销售员后没过多久，我就按揭买了一辆属于自己的车。从此，我的人生就像张开了翅膀，我的人生天地也更加广阔，总而言之，我觉得生活变得非常美好。"

听完乔的话之后，客户几乎已经下定决心要购买这辆车了。因为乔以讲故事的方式把自己的心路历程娓娓道来，最终使得客户也像他以前一样，开始无限憧憬有车的生活。就这样，乔的推销成功了。事后，当有人问乔是如何把话说得这么美妙动听时，乔说："其实很简单，每天不管多么忙碌和劳累，都要抽出一定的时间来读书，渐渐地，你的心灵和语言都会变得同样充实和生动。"

为了向客户推销汽车，乔不但努力读书，而且把书中很多优美语言融入自己的生活经历中，这才成功地把客户带入了特定的情景，从而赢得了客户的信任，也勾起了客户对于有车生活的无限憧憬和梦想。通过乔的话，客户的眼前似乎缓缓展开了一幅画卷，他似乎看到了未来的美好，因此对有车的生活更加向往。其实，作为一名推销人员，能否成功地引起客户的共鸣，就在于自身阅历是否丰富，生活经验是否生动。当然，任何人的经验都是有限的，为了补充我们有限的人生经验，我们完全可以通过读书的方式，了解更多人的人生阅历，将其内化成我们自身的情感和体验。由此一来，虽然我们年纪也许不大，但是对于他人的理解都将更加成熟。

朋友们，读书并非一朝一夕的事情，也不可能一蹴而就。一个具有书香气质的人，一定要能够坚持每天读书，而且真正把书籍作为自己心灵的良师益友。当你独自一人的时候，如果从不觉得孤独和寂寞，而是在书籍的陪伴下怡然自得，那么你就真正领悟了读书的妙处。也许一天、两天、三天……读书都没有使你产生明显的改变，但是一年、两年、三年……你一定会散发书香气息，变得与众不同。

第七章

会打圆场，避免初次沟通出现尴尬和冷场

及时调整思路，改变表达方式

汉语博大精深，即便是同一句话，因为语气、声调不同，也可能会产生截然不同的含义。尤其是当语境改变时，话语的意思更会发生翻天覆地的变化。因而，我们在与他人交流时，一定要把握好语气、语调，更要密切关注语境，做到顺势而为，卓有成效地解决问题。否则，一旦遭到误解，导致交流的双方产生误会，可就得不偿失了。

因此，我们在日常生活与工作中，在与人交流的时候，既可以根据实际情况使用模棱两可的语言，也应该根据事情的发展使用明确清晰的语言。总而言之，语言的使用并不是一成不变的，一个真正的语言高手，必须做到语随境变，顺势而为，才能把语言的作用发挥到极致，从而让语言起到积极正面的辅助作用。

作为旅行团的导游，丝丝经常为了入住酒店时临时出现的问题，和酒店的负责人进行交涉。这次，丝丝这次带着五十名旅客来到了美丽的黄山。在黄山山脚下，他们下了大巴，首先办理酒店入住。不想，酒店里的服务员告诉丝丝："您好，因为故障，所以原本预定的标准间没有热水，只能去公共浴室洗澡。"虽然都是洗澡，但是公共浴室和单独浴室相差甚远，丝丝根本不确定自己能否搞定这五十名旅客。为了不使旅客们集体抗议，她只好亲自与酒店的经理交涉。

丝丝："张经理，请问你们的酒店为何标间里没有热水呢？像您这样规模的酒店，根本不应该出现这样的问题呀。更何况，您很清楚我们的旅行团今天傍晚到达，旅客们入住酒店的第一件事就是洗个热水澡，然后吃饭睡觉，等着第二天正式展开行程。"

经理："的确，我也非常抱歉，不过负责热水的张师傅家里有事，临时请假了。我们已经开放了公共浴室，要不你让旅客们今天晚上先凑合一下吧！"

丝丝："我的团有五十名成员，而且有很多还是夫妻，他们原本可以在标准间里随意洗漱，如今却要求他们去公共浴室，这一定行不通。我有两个方法，您可以参考一下。当初我们订房的时候是每人每晚一百元的标准，说好的是有热水的。现在既然没有热水了，那么您就要降低二十元旅费，这样我也好和旅客们沟通。"

经理："这怎么可能呢？住宿的收费标准之前就说好了的呀！"

丝丝："住宿的条件标准也是之前就说好的，您只需要向上级申请，我却要面对五十名旅客，您觉得哪个难度更大呢？假如您不愿意您的上级知道这件事情，那么希望您能马上找回负责供热水的师傅，给我们在一小时之内供热水。"

经理听到丝丝言之凿凿且毫无回旋余地的话，又不愿意把此事闹到上级那里，影响上级对自己的印象，因而他只好赶紧驱车去接回负责供热水的张师傅。果然，全体旅客在一小时之内都洗上了热水澡，且都为丝丝快速处理问题的能力竖起了大拇指。

在这个事例中，丝丝与经理针对住宿的问题展开讨论，最终丝丝以非常强势的态度，给出经理两个解决问题的方案。无奈之下，经理为了自己的工作，只好驱车接回张师傅，最终圆满解决问题。

任何事情都处于发展之中，情况也是在不停变化的。在这种情况下，我们一定要根据事情的发展变化，及时调整自己的思路，改变自己的表达方式。只有该说软话的时候说软话，该强硬表达的时候就要强硬表达，我们才能尽量圆满地解决问题。

首因效应

委婉含蓄，使他人准确意识到自己的错误

在现实生活和工作中，我们很难时时都顺心如意，也常常因为各种各样的原因对他人感到不满。在这种情况下，我们是直接无所顾忌地发泄不满，还是压抑自己郁郁寡欢的心情，哑巴吃闷亏呢？真正的聪明人既不会大发雷霆，也不会以牙还牙，以眼还眼。很多时候，当我们仿照别人的样子回报别人给我们的伤害，也就相当于把我们自己降低到与对方同样无礼的境地。因而，用他人恶劣对待我们的方式去对待他人，并非最高明的应对方式。最高明的应对方式，是不动声色地委婉反击，使得对方明明知道自己遭遇打击报复，却哑巴吃黄连，有苦说不出。

正如人们常说的，愤怒会使人的智商瞬间降低，正是出于这个原因，我们应该学会控制自己的情绪，让自己时刻保持冷静和理智。当我们不再仅依靠愤怒解决问题，我们就能够找到更好的方式，使他人准确意识到自己的错误，如此一来，我们不但达到了目的，还避免了和他人正面冲突，可谓一举两得。

第七章 会打圆场，避免初次沟通出现尴尬和冷场

有一天，瑞比穿着一件非常破旧的衣服去饭店用餐，当时，他刚刚从工地里出来，因而浑身还有些脏。然而，他径直走入饭店的大厅，看到那些服务员都对他视若无睹，既没有人迎接他的到来，也没有人招呼他坐到餐位上点餐。与其相反，和瑞比前后脚进入饭店的那些西装革履的男士，则都得到了热情的招呼和妥善的对待。为此，瑞比觉得愤愤不平，不过他并没有表现出来，更没有与那些以貌取人的服务员理论。相反，他一声不吭地走出饭店，回到家里，沐浴更衣，穿上自己最昂贵的衣服，再次来到这家饭店。

不等瑞比正式走入大厅，服务员就赶紧满脸堆笑地迎上前来，引领瑞比来到一张餐桌前坐下，还亲手帮助瑞比脱掉外套。在瑞比点菜的时候，服务员更是热情地向瑞比推荐他们饭店的招牌菜，很快，瑞比就在服务员的指导下点好了菜。没多久，服务员把菜端上来，毕恭毕敬地对瑞比说："先生，您的菜品来了，请您慢慢享用。有任何需要，都请您随时呼唤我。"这时候，瑞比突然做出一个使服务员费解的举动，只见他脱掉外套，把外套摆放在桌子上，对着外套说："衣服，请快用餐吧！"服务员不知所以，问："先生，您这是在做什么呢？"瑞比看着服务员，说："我当然是在招呼我华贵的外套用餐啦。我刚才来过一次，因为穿着破衣烂衫，所以你们都把我当空气。如果不是回家换了这套衣服，只怕我今天晚上还吃

145

不上这顿饭呢！我可知道，你们这里的美味佳肴和美酒，都是为衣服准备的！"

服务员听着瑞比的话，羞愧得无地自容，恨不得找个地洞钻进去呢！他赶紧向瑞比道歉。

在这个事例中，假如衣衫破旧的瑞比当场就和以貌取人的服务员大吵起来，一定会导致严重的争执和不愉快。当然，瑞比也完全没有必要影响自己就餐的好心情。为此，他一声不吭地回到家里，换上最好的衣服，等他再回到饭店时，自然得到了服务员与众不同的周到服务。对此，瑞比依然不动声色，直到美味的饭菜上桌，他恭恭敬敬地让衣服吃饭，以委婉含蓄的方式讽刺了服务员以貌取人的行为，也使服务员深刻意识到自己的错误，主动给他道歉。

在很多尴尬的场合，我们都可以巧妙地使用含蓄的语言，把原本沉重的或者是容易引起争执的话题，变得轻松愉悦，而且含义深长。当然，也许用这样的方式解决重大的问题有些力不从心，但是对于生活中遇到的很多小问题，这种方式却能起到很好的效果，至于其中的深层含义，就让有过错的人独自领悟吧！这种方式不但能够解决这些鸡毛蒜皮的小事，还能够顾全彼此的颜面，最重要的是能使错误的一方深刻意识到自己的不足，可谓是一举数得的好方法。

巧妙打圆场，帮对方找一个台阶

中国人素来爱面子，尤其是在人际交往中，更是处处怕失了面子。但人们在生活中，也会因经验或能力的不足而面临尴尬的局面，或与客户争吵，或被上司批评，或被同事嘲笑等，此时，他们都希望能保住面子，保持尊严。对此，如果我们能巧妙地帮助他人打圆场，帮对方找一个台阶，让他摆脱难堪的局面，那么，对方一定会从心底感激我们。

雯雯、李丽还有小晴决定周末的时候一起去书店买书，她们约好周日的早上在书城碰面。九点的时候，李丽和小晴准时到达书城，她们见雯雯还没有出现，就一起走进了书城，没想到，她们在里面看见了雯雯。李丽是个急性子，看见了雯雯气就不打一处来了，责备雯雯道："我们在外面等你等了半个多小时，外面天寒地冻的，你倒好，自己一个人进来就溜达上了，不记得我们了，是吧？"雯雯听了也急了："我八点五十就来了，一直在里面等你们，外面天寒地冻的，我总不能在外面傻等吧。"两个人各说各的理，谁也不让谁。这时，小晴走过来，说道："其实，这都是误会，你们谁也不想耽误对方的时间。"她转身对雯雯说道："今天李丽穿得比较少，在外面又等了那么久，她向你抱怨两句也是情有可原的。"雯雯很愧疚地点了点头。这时，小晴又对李丽说道："人家雯雯也没有违约，比我们还早到十分钟呢。都怪一开始的时候，我们没有约定好见面的地点，这次就长教训了，以后一定要约好见面的地点。"雯雯和李丽听了小晴的话，都觉得很有道理，于是分别向对方表达了自己的歉意，三个人高高兴兴地去买书了。

案例中的小晴就是个善于打圆场的女孩。会打圆场的人很容易得到别人的好感，容易提升自己的个人魅力。人们不仅可以在生活上为家庭、为朋友、为邻居们打圆场，还可以在职场上为上司、为同事、为客户打圆场。打圆场不是和稀泥，越搅越混，而是为了息事宁人。

所谓打圆场，是指交际双方发生争吵或处于尴尬处境时，由第三者出面进行调解的一种方法。打圆场运用得好，有利于打破僵局，解决问题，还可以融洽气氛、消除误会、缓和矛盾、平息争端、联络感情。

可见，在交际中遇到尴尬的场面时，做到审时度势，准确把握对方的心理，运用说话技巧，借助恰到好处的话语化解尴尬，维护交际活动的正常进行，就显得十分重要。那么，我们在交际中，怎样才能不失时机地打好圆场呢？

1.找个借口，给对方台阶下

有些人之所以在交际活动中陷入窘境，常常是因为他们做出了不合时宜或不合情理的举动，进一步造成了整个局面的尴尬和难堪。在这种情形下，最行之有效的打圆场的方法，莫过于换一个角度或找一个借口，证明对方有悖常理的举动在此情此景中是正当且合理的。这样一来，对方的尴尬解除了，交往关系也能得以继续下去了，而我们在无形中也多交了一个朋友。

2.侧面点拨

即不作直言相告，而是从侧面委婉地点拨对方，使其明白自己的不满，打消失当的念头。这一技巧通常可以借助于问句的形式表达出来。

小李与小王是一对好朋友，彼此都视对方为知己。有一次，同事小张对小李说："小李，我总觉得小王为人有点儿太认真了，简直到了顽固的地步，你说是不是？"小李一听小张的话，顿生反感，心想：你怎么可以在背地里贬损我的好朋友？但他又不好发作，于是一本正经地说："小张，我先问你，我在背后和你议论我的好朋友，他要是知道了，会不会和我反目为仇？"小张一听这话，脸立马变得通红，不吭声了。

这里，小李就使用了从侧面委婉点拨的技巧。面对小张的发问，他没有直接回答"是"还是"不是"，而是话题一转，给对方出了个难题，这个难题又正好能起到点拨对方的作用，既暗示了"小王是我的好朋友，我是不会和你合伙议论他的"，又隐含了对小张背后议论、贬损小王的不满。同时，由于这种点拨比较委婉含蓄，也不致让对方太难堪。

3.审时度势，让各方都满意

有时在某种场合中，当交际双方因彼此不满意对方的看法而争执不休，且很难说谁对谁错时，调解者应该理解争执双方此时的心理和情绪，不要厚此薄彼，以免加深双方的分歧。要对双方的优势和价值都予以肯定，在一定程度上满足他们的自尊心，在这个基础上，再拿出双方都能接受的建设性意见，这样就容易为双方所接受。

总之，打圆场是一种语言艺术，必须从善意的角度出发，以特定的话语缓和紧张气氛，调节人际关系。而从我们自身来说，掌握交际双方的心理，运用说话技巧，帮人找回面子，也可以使我们在交际场合左右逢源。

自嘲，是最高级的幽默

人都是有缺点和优点的，也许有的人优点十分突出，但是不可能没有缺点；也许有的人有很多缺点，但是这也不能改变他们拥有优点的事实。对于他人，我们总是怀着一颗宽容友善之心，愿意给予他人更多的包容和理解，但是对于某些不足，我们却总是耿耿于怀，甚至因此表现出不满。其实，每个人都是如此，既有优点又有缺点，从这个角度出发，我们也就无须愧对自己，只要尽心竭力做最好的自己便可。

通常，人们都不愿意把自身的缺点表现出来，总想掩饰缺点，似乎这样自己在他人眼中就会变得近乎完美，能够得到他人的认可和赞许。其实，这样胆怯的态度非但无法掩饰缺点，反而会让他人将我们的缺点看得更清楚，也因而影响对我们的评价。真正明智的人并不会掩藏自己的缺点，他们是真正的勇敢者，总是能够直面自身的缺点，也更知道自己的优势和长处，因而能扬长避短，取长补短，使自己的人生更加精彩。

对于胆怯懦弱和自卑的人，面对他人的嘲笑，他们总是不知道如何应对。其实，与其辩解和遮掩，不如采取自嘲的方式。自嘲是最佳的解决困窘的方法，甚至能够赢得他人的赞赏和慷慨帮助。的确，这份勇敢和无畏，会使得每个人都对自嘲的人充满敬佩。那么，不如从现在开始就锻炼自己的自嘲能力吧，当你能够恰到好处地自嘲，你也就能够在人际交往中游刃有余。

有一次，林肯在街头行走时遇到一位妇人，这位妇人在认真观察林肯的相貌之后，说："先生，我从未见过比你更丑的人，你的脸实在是丑得没法看啦！"林肯丝毫没有恼火，反而平静地说："谢谢您中肯的评价，夫人，只是您有好的建议给我吗？"妇人笑了，讽刺地说："长得丑不是你的错，但是出来吓人就不好了。"林肯依然心平气和："谢谢您，夫人，我会认真考虑您的建议。"

几天之后，林肯与竞争对手开展了一场公开的辩论赛。在辩论过程中，林肯被对手指责为有两张脸，说和做完全不同，林肯不由得哈哈大笑起来，说："前几天，有位路上偶遇的妇人也觉得我太丑，甚至建议我不要出来吓人，但是为了为民造福，我不得不带着这种丑得不能见人的脸四处奔波。现在，你又指责我有两张脸，大家不妨为我评评理，倘若我真的有两张脸，我还会带着这张吓人的丑脸四处奔波吗？"听了林肯的话，包括对手在内，几乎所有人都哄然大笑。林肯之所以能够博得大多数选民的选票，就是因为他很善于自嘲，也乐于调侃自己，从而增加了其成功当选美国总统的概率。

毋庸置疑，每个人对待自身优点和缺点的态度不同，所以他们才会有完全不同的命运。诸如事例中的林肯，其实在成功当选美国总统之前，林肯一直厄运相随，从未受到过好运的青睐，但是他却非常坚强豁达，也很乐观，因而才能坚持到最后，成为最终的成功者。由此可见，能够直面自身缺点的人都是真正勇敢的人，他们积极乐观，也因为敢于自嘲而在面对人际交往的尴尬时游刃有余。其实，与其对自己的缺点遮遮掩掩，不如坦然面对，适当自嘲，反而会更有效地帮助自己博得他人的尊重和认可，也能够得到他人的慷慨帮助和坚定不移的支持。

首因效应

偷梁换柱，不知不觉转移话题

为了让人生的道路越走越宽，我们理应多多结交朋友，而尽量少树立敌人。在这种情况下，倘若遇到他人的恶意挑衅，不如巧妙地转移话题，从而减少冲突。当然，我们虽然友好，但不能怯懦，不能一味地忍辱负重，这不是友好，而是无能。我们必须区分友好与无能，让自己成为一个真正顶天立地的人。出于这个方面的考虑，在回避与他人之间的矛盾时，我们不能低头，而应该采取偷梁换柱的方法，在对方不知不觉时转移话题，这样才能既保全自身的颜面，也减少冲突，可谓一举两得。与此恰恰相反，倘若我们纠缠话题，与对方不停地辩论，则只会让自己更难堪，也会在无形中得罪他人，给自己树立强敌。

今天，杨慧穿了一件新买的衣服去单位，这是一件枣红色的羊毛呢大衣，看起来质地很好。杨慧刚到单位，办公室里的几个女同事就围上来，你一言我一语，都在夸赞她的大衣好看。这时，张敏突然走进来，冷眼看着杨慧的衣服，说：

"大衣的确不错,不过你不觉得穿上之后就像五六十岁的大妈吗?"

张敏平日里在办公室一向特立独行,和谁都相处不来,又因为她的爸爸是单位的主管领导,所以大家都给她三分面子,她也就越来越得寸进尺,从来不把任何同事看在眼里。听到张敏这么说,杨慧心中当然不悦,但是她转念一想,穿衣服是给自己看的,自己喜欢就行,何必要求每个人都喜欢呢!为此,她笑着说:"哎呦,张敏,你这条项链真漂亮,款式新颖别致,是在哪里买的呀?"听到杨慧赞美自己的项链,张敏也不好继续故意捣乱了,只好敷衍着说:"我男朋友去美国出差带回来的,你喜欢的话,下次也给你带一条。""那可太谢谢了,我们这些人都没有机会走出国门看一看,看到你这项链真觉得喜欢呢!不过,就怕太贵了我买不起。"杨慧顺势说道,也恭维了杨慧。就这样,原本一个令人不愉快的话题被杨慧转移于无形,一上午,张敏都在为自己的项链而沾沾自喜,对杨慧的态度也好了许多。

面对张敏的恶意嘲讽,杨慧自我安慰,丝毫没有将其放在心上。她还巧妙地转移话题,从而把话题顺利转到张敏身上。张敏听到杨慧以德报怨,非但没有与她斤斤计较,反而还给予她慷慨的赞美,又如何好意思继续和杨慧叫板呢!所谓"人在屋檐下,不得不低头",人在社会上,也往往会因为各种各样的原因,导致自己无法畅所欲言地发泄心中的情绪。在这种情况下,倘若为了一时的痛快而树立敌人,也许会得不偿失。最聪明的做法就是在无关紧要的情况下,巧妙转移话题,从而使他人的注意力从我们身上移开。

朋友们,你们是否也曾遭遇他人的冷言冷语呢?虽然我们要做不畏权势的正直人士,但是也要学会能屈能伸,不能因为意气之争而给自己惹下麻烦,这才是明智之举。面对他人无关紧要的恶意挑衅,不如以偷梁换柱的方式转移话题,这样非但能够保全自己,以赞美的方式转移他人注意力,还能博得他人好感,把敌人变成朋友,可谓一举数得。

绕个弯子，用迂回战术来达到目的

语言最重要的价值是表达某种意思，传递某种信息。而口才的最大价值就是既要让自己的态度和情感得到准确的表达，又要给听者的心理带来愉快和欢悦。在和别人交往的过程中，如何表达个人的意见和态度已经成为最重要的社交研究课题。有很多人并不是薄情寡义，也不是心胸险恶，但是在和别人的交往中会经常面临处处碰壁的悲惨下场。其实，这和说话方式是有着很大关系的。错误的表达方式，必然会导致让人不快的结果。

在人际关系中，很多人喜欢直接提出自己的思想和观点，而实际上，这种最直接的说话方式却是效率最低的。有时候不仅无法正确达到我们想要的结果，还会引起别人的误解和愤怒。这就要求我们在交际场合中，学会用心说话，讲究策略。直接提出个人的观点是行不通的，那么不妨绕个弯子，用迂回的方式来达到交谈的目的。虽然可能显得有些啰唆，但会起到很明显的效果。

有一个妻子准备为丈夫买一件衣服,但是又怕丈夫不同意,就对丈夫说:"咱们的女儿快要举行开学典礼了,可是孩子的衣服大部分都旧了,是不是应该去服装店里买上几件呀?"

丈夫听后,觉得妻子的话讲得在理,就很爽快地答应了,说:"开学典礼不是一件小事,咱们应该好好对待。孩子穿什么样的衣服由你决定好了。"

妻子又说:"你还是没有听明白我的意思,我说的并不仅是孩子的问题。"

"不就是女儿参加开学典礼的衣服吗?这个事你自己决定不就行了吗?"

"我知道。但是,孩子的开学典礼我也必须参加,我总该为自己准备一件衣服吧。你还是帮我参考一下吧。"

丈夫显得有些不耐烦了,说:"你自己穿什么衣服还用问我吗,自己决定不就行了?"

妻子解释说:"我整天在家里待着,几乎忘记怎么样选择衣服了。你还是帮我去看看哪一件合身吧。"

"唉,真拿你没办法,好吧!"丈夫不情愿地陪妻子来到衣橱前。

妻子一边挑选一边说:"哪一件好看呢?虽然衣服不少,但好像都过时了,你不觉得这些衣服的样式都太老气了吗?"

"是吗?我怎么不觉得?"丈夫敷衍着说。

"你看嘛，这件虽然是去年才买的，而且颜色、式样都不错，但现在已经没人穿这种衣服了。再说这一件吧，这是去年秋天买的，但现在已经不流行这种款式了！难道你没有发觉吗？"妻子问道。

"嗯，听你这么一说，我好像也觉得过时了。"

"那么，在给孩子买衣服的时候也该给我置办一件了，你说是吗？你说我再买一件好吗？再买一件……"

"真拿你没办法，你自己决定好了。"丈夫表示同意。

妻子乘胜追击，对丈夫说："其实，你也该打扮打扮了，经常穿着一件衣服，显得很没面子。这次，我也帮你买一件衬衫吧！"

在日常生活中，总有一些不好直接提出来的话题，这时，我们就需要暂时地抛开这些让人内心有些不舒服的话题，从另外的角度谈起。在双方进行交谈的时候，想办法一步步地朝着你想要的内容去过渡，有了缓冲之后，对方就会比较容易接受一些平时比较敏感的话题，和你愉快地进行交谈。

有一位战略家在《战略术》一书中说："无论是在政治、经济还是国际关系中，迂回战术都明显比直接攻击高出一筹。因为直接攻击只会激怒敌方，从而引起更加强大的反抗。迂回则不同，它以间接的、不知不觉的方法使形势转变到有利于自己的一方。在商业竞争中，讨价还价也比直接求购强得多。"
在交际场合，我们同样需要用迂回战术来表达个人的建议，获得别人的认同。只有懂得绕弯子，才能在办事的过程中少碰钉子。

第八章

学会拒绝,给人留下有原则的第一印象

拒绝他人，需要勇气和智慧

在日常的社会交际中，我们与形形色色的人打着交道，彼此间你来我往，经常遇到他人提出的种种请求。这些请求有合理的、在你能力范围以内的、你感兴趣愿意为他效劳的，也有不合理的、超出你能力范围的、你毫无兴致且不愿为之花费精力的。面对后者，人们往往万分踟蹰：逼迫自己应允下来，自己心里别扭不说，万一不能兑现，自责的同时还可能要承受对方的误解；直接拒绝对方，又怕有损自己"乐于助人"的形象，彼此间关系就此疏远，甚至有"反目成仇"的危险。

很多时候，我们在"是"与"不"之间徘徊，犹豫着不知该选择哪边。其实，巧妙地拒绝他人，说易不易，说难也不难。只要我们懂得在适当的时候以适当的方式说"不"，拒绝便成了一种艺术，它让我们身心自在，也让对方心平气和。"三脚架"公司的创始人波·皮巴迪之所以能一步步地走向成功，和他敢于说"不"的勇气以及善于说"不"的智慧是分不开的。

当皮巴迪还是个小伙子时,他和很多年轻人一样,血气方刚,率直坦荡。这一年,他打算申请威廉姆斯学院。也就是因为这次申请,让他第一次尝到了说"不"的甜头。

威廉姆斯学院享誉全球,而它筛选新生时的严苛,更是举世闻名。平均每1000名向辅导员提出申请的学生中,只有5人可以提出正式申请。而这5人中,最后只有1名能够获此"殊荣"。对于皮巴迪来说,他进入这个学院的概率基本为0,因为在那1000名申请者中,他不仅不是最优秀的,还几乎沦入最差的行列。

收到落选通知后,皮巴迪并未放弃。他设法找来了招生委员会副主任的电话以及他的名字:科尼利厄斯·雷福特。

"你好,我叫波·皮巴迪。"电话接通后,皮巴迪先向雷福特介绍了自己,随后便说,"对于你们的决定,我不能接受。"

电话那头久久没有传来声音,过了好一会儿,雷福特才问道:"抱歉,你能重复一遍刚才的话吗?"

"我想进入威廉姆斯学院学习。就我冒昧的行为,我向你郑重道歉;就你们给出的决定,我表示拒绝。我一定能上威廉姆斯学院,不管是明年、后年,不论到哪一天,从现在开始,我会每年向贵校提交一份申请,直到贵校接受我。"

电话那头又是一阵沉默,当雷福特的声音再度响起时,皮巴迪已经获得了胜利。雷福特说："年轻人，我对于你的做法很感兴趣。这样的电话，我从来没接到过。不如让我们看看后面该怎么做吧！"没过多久，皮巴迪便接到了威廉姆斯学院的录取书。

皮巴迪之所以能够进入梦寐以求的学院，就在于他敢于说"不"，善于说"不"。他及时而恰当的拒绝，使自己成功引起了招生主任的注意，从而获得机遇，脱颖而出。如果皮巴迪没有这次拒绝，沉默地接受学校的决定，那么以他的成绩，恐怕会长期湮没在其他考生中，年复一年地徒劳无功。

美国著名作家比林说过一句话："一生中，多半的麻烦是由于太快说'是'，太慢说'不'。"根据这句话，他提出了比林定律，以此来警示人们，必须学会说"不"。看清情况后理智地拒绝他人，是一种处世态度，也是一种对自己、对他人都明确交代的责任心。不是所有的接受都代表善意，同样，不是所有的拒绝都会让对方受伤，让彼此的情谊受挫。我们在表达自己的真实意愿时，只要方法巧妙，语言得当，基本上就能够让对方平心静气地接受我们的决定。

那么，我们在拒绝他人时，可以采用哪些方法，既能让他人明白我们的意图，又不至于产生不满呢？

1.客套寒暄，拉开距离

面对相交不深而向你提出请求的人，若想拒绝，就应该迅速拉开彼此间的距离，让两人的关系回到初识甚至未识的时刻。这种时候，你只需几句态度严肃而不失圆滑的客套话，便可让对方明白你已重新定义两人的关系。此时，你并没有在言语上清楚明白地拒绝，但对方可以从你的态度中了解你的意思。

2.贬低自己，抬高对方

有意贬低自己，可以降低对方心中对你的期望值，打消他对你抱有的幻想。而适当吹捧对方，将其抬高为两人之中的强者，可以借此形成一种心理定势。通常来说，强者是不需要向弱者求助的，但对方在你的吹捧下承认自己比你强，那么他也难以再请求你的帮助。如此，便无须你开口拒绝，对方多半会主动打消向你求助的念头。

3.说明情况，给足面子

我们身边的大部分朋友，都是通情达理、懂得体谅的，否则我们也不会与之成为朋友。当你拒绝这种朋友的请求时，不妨态度诚恳、语气温和地说明你的难处，明明白白地告诉对方你无法帮助他的理由。如此，朋友通常会表示理解，不再强求。而在明确表示拒绝的过程中，你应当始终保持微笑，让朋友感受到你的诚意和歉意，感受到你对他的看重。如此拒绝，能在很大程度上维护朋友的面子。

学会说"不",是我们人生中必须迈出的一步。这是一门技巧,也是一种智慧。喜剧大师卓别林曾说:"学会说'不'吧!那你的生活将会美好得多。"在人际交往中,谁也没有必要强迫自己做来者不拒的老好人。我们若没有自己的原则和底线,无止境地接受他人各种合理或不合理的要求,并不能给我们带来真正的朋友、稳固的人脉,只会给我们带来滚雪球般越来越大的麻烦。

拒绝回答某些问题，能让你免除不少麻烦

一般来说，好的拒绝应表现为拒绝对方的问题，但不要拒绝对方的人。这就是说，应该明确无误地拒绝对方提出的问题，使对方明白自己的问题被拒绝了，但是要委婉妥当地善待对方的情感、理解。比如，在拒绝了别人提出的问题之后，你可以再表达自己的同情、理解或歉意。有的谈判者在拒绝回答对方提问的时候，由于担心伤害到对方的感情，结果讲话吞吞吐吐、眼神躲躲闪闪，让人不明白自己的问题到底是被拒绝了，还是没有被拒绝。这种很模糊的回应一般不可取，有时候还可能给自己多惹麻烦。

其实，拒绝回答别人问题的方法很多，下面我们简单地介绍一下：

1.顺势诱导

有时候，面对一些你不想回答的问题，你可以顺势诱导，巧妙地拒绝对方。

罗斯福当美国总统前，曾在海军担任要职。一天，一位朋

友问起海军在加勒比海一个小岛建立潜艇基地的计划。

罗斯福向四周看了看,压低声音问:"你能保密吗?"

"当然能。"

罗斯福笑着说:"你能,我也能。"

罗斯福先是顺势诱导,再巧妙地拒绝,他明确地表明了不想回答这个问题,不想把秘密告诉那位朋友。

2.肯定、否定并用

有时候,对方所提出的问题有一定的合理性,但由于某些原因又无法予以完全肯定。此时,你可以用肯否并用的方法,先肯定对方问题的合理性,然后进行拒绝其提出的问题。这种方法的语言表达形式经常是转折关系的复句或句群。

一位下属对李主任说:"我来当你的助手应该是可以的吧,你看我能够胜任吗?"事实上,李主任现在并不需要助手,但是他也不能打击下属的积极性和自信心。

于是,李主任笑着说:"你的确很优秀,是个人才。只是目前我不缺助手,真是对不起。"

李主任先肯定了下属的能力,赞扬了下属的工作成绩,然后有效地拒绝,不正面回答"是否胜任助手"这个问题。

3.重复已知

有时候，面对别人提出的问题，如果你不想回答，就可以采用重复已知信息的方法进行拒绝。

《世说新语》里有这样一个故事：大将军钟会慕名去拜访名士嵇康，嵇康自顾打铁，不理睬钟会。钟会站在一旁看了一会儿就走了。见钟会要走，嵇康就问："何所闻而来，何所见而去？"钟会答曰："闻所闻而来，见所见而去。"

钟会的回答重复了嵇康问题中隐含了的信息，这就是一种有礼貌的、委婉的拒绝。比如，有领导者向你发问："昨天你到市长家里干什么？"你可以顺势回答："我去办点儿事。"

4.沉默而微笑拒绝

有时候，在面对一些不必回答的问题时，你可以适时地沉默拒绝，但是千万不要板着一张冷冰冰的脸，而要微笑地看着对方。你可以用你的无声语言告诉对方，这个问题不想回答，也没有必要回答。

但是哪些问题是需要回答的呢？大致来说，就是那些关系内部机密的问题；那些无关紧要的小问题；还有谈判者自身的私人问题。面对他人提出的那些不需要回答的问题，你可以用巧妙的方法进行拒绝。

柔中带刚的话语，令对方不好拒绝

求人办事，需要忌讳理直气壮，因为强硬的话非但不会令他人答应自己的请求，反而会使对方心生厌烦之感。比起正面冲突，柔中带刚的话会更具效果。从某种意义上说，柔中带刚就是用一句明白易懂的话说，说话时的语气和态度都比较缓和，不过话语中却有比较强硬的部分，这会令对方不好拒绝，只好答应我们的请求。

一位供货商在与某厂采购经理的谈判中，想提高产品的价格，但他并没有直接征求对方的意见，而是聊了一些似乎不着边际的话。"我们想提高产品的质量，因此想知道你们厂对我们的产品有什么意见，最好能给我们提供一些数据，我们好及时改进。"采购经理回答道："嗯，你们的产品质量还是不错的，至于数据，我可以在谈判后替你收集一些。不过据实验人员反映，你们产品的各项检测指标均优于我们曾用过的产品。"供货商由衷地赞赏："噢，非常感谢。据说你们厂这两年的效益非常好，规模越来越大，产品几乎没有任何积压。"

采购经理高兴又略有无奈地回答："可不是，几十条生产线昼夜不停，产品、原料都是供不应求，可忙坏我了。"供货商听到这里，露出了一丝不易察觉的微笑，拿出了拟好的合同，说道："我想，以你们工厂现在的规模以及产品需求量，对于我们公司现在所提供的产品以及价格，都应该不会有什么意见了吧。"采购经理一下子醒悟过来，刚才自己自亮了"底牌"，唯有答应对方所提出的价格了。

在谈话中，供货商已经了解到对方的态度：自己所提供的产品信誉非常好；对方的库存原料已经供不应求，正面临着很大的压力。看到了对方的"底牌"，就意味着知道了对方的弱点，于是，供货商柔中带刚地说出那一番话来，暗示"如果你不接受我们提出的价格，势必对你们的工厂造成影响"，在这样的话语之下，采购经理不得不答应了这样的要求。

当然，求人办事，按常理来说，以低姿态说话更容易成功。换句话说，当你需要以柔中带刚的话语来提出要求的时候，心中应该有一定的把握，也就是要算准对方会答应自己的请求。

有可能是你看准了对方的弱点，有可能是你抓住了对方的把柄，有可能是柔中带刚的说话方式比较适合对方，但无论是哪种原因，都需要尽可能地顺应对方的心理，这样他才能在心理压力之下，不得不答应我们的诉求。因此，求人办事，柔中带刚的话语并不是随便就能说的，当你没有必胜的把握时，还是慎重点儿比较好，否则只会适得其反。

李经理约了一家银行的主管一起吃饭，席间，他直截了当地对银行主管说："我的项目还需要200万元，明天我就要拿到贷款。""你一定在开玩笑，我们从来没有一天之内就能办妥这样的事的先例。"银行主管答道。"其实，我认识的银行负责人有好几个，但我觉得除了你，没有谁有这么大的本事能在一天之内办妥这件事，如果你觉得不行，我就只能找其他银行的主管了。"李经理很诚恳地说。银行主管听后，笑着说："你这可是在逼我上梁山哪，不过，我可以试一试。"

李经理的一番话柔中带刚，既有对银行主管的赞赏"我觉得除了你，没有谁有这么大的本事"，满足了其虚荣心理，又表露了自己早有准备的意思"其实，我认识的银行负责人有好几个，你要是觉得不行，我可以找其他人"。这样一番心理挑战，对方有可能碍于面子，或者由于好胜心理，难以拒绝这样的请求。最终，使得李经理所诉求的"不可能的事情"变成了"可能的事情"，这就是柔中带刚的语言策略。以下两点可以帮你更好地运用这种语言策略。

1.找准对方"心理弱点"

我们在求人办事之前,需要找准对方的"心理弱点",这样我们才有"资本"说出柔中带刚的话语。比如,"你也知道,今天的事情是我无意中看见的,有可能会无意中说出去,不过,我相信你会妥善处理好这件事情的"。

2.不容拒绝的语气

在求人办事的过程中,可以利用对方的把柄或者短处进行适当的"善意"威胁,即向对方施加一定的压力,同时,在话语中要流露出不容拒绝的语气,比如,"如果这件事不能如期完成,所造成的后果谁来担当,我想你应该认真思考一下"。

在日常生活中,有的人对于他人的请求,总是予以拒绝,其真正原因就是不想给予帮助。假如这时候我们又特别需要帮忙,为了迫使其答应请求,不妨使用柔中带刚的话语,有效影响对方心理,从而使对方难以拒绝我们的请求。

运用自嘲委婉拒绝

在20世纪50年代初，有一次，美国总统杜鲁门会见麦克阿瑟将军。

麦克阿瑟因战功卓著，在军界和政界都享有很高的声誉，所以在会见中显得十分傲慢。会谈过程中，当屋子里只有他们两个人的时候，麦克阿瑟拿出烟斗，装上烟丝，把烟斗叼在了嘴里，并取下火柴。当他准备划燃火柴时，才停下来，对杜鲁门说："我尊敬的总统先生，我抽烟，你不会介意吧？"

很显然，这不是在真心征求对方的意见。在他已经做好准备的情况下，如果对方说介意他抽烟，就会显得粗鲁和霸道。这种缺少礼貌的傲慢言行使杜鲁门有些难堪。

然而，他只是笑着看了麦克阿瑟一眼，耸耸肩，自嘲道："抽吧，将军，别人喷到我脸上的烟雾，要比喷在任何一个美国人脸上的烟雾都多。"

麦克阿瑟闻听此言，自己觉得有些不好意思，于是自己将烟斗收了回去。

由此可见，当令人难堪的事情即将要发生或已经发生的时候，运用自嘲手段可以委婉地拒绝，使事情出现转机，并使你的自尊心通过这种方式得到保护，同时不会引起他人很强烈的反感。生活中，我们会碰到很多诸如此类的事情，尤其是当年轻人遇到这类事情的时候，很容易冲动，认为这是对自己的不尊重和不礼貌，说话会带着浓浓的火药味，那样既使自己不快乐，同时也会引起别人的反感。那么，在这个时候，自嘲的手段就会显得尤为重要。通过自嘲，我们既可以充分表达自己的意愿，也可以委婉地拒绝事情的发生。既为自己赢得了面子，也给足了别人面子，一举两得。总的来说，自嘲有三点好处。

1.在自嘲中赢得自尊

我们都知道，要想赢得别人的尊重，首先自己就要先尊重别人。在当今快节奏的生活环境下，许多人紧跟节奏，却少了一丝幽默与诙谐。这一点在当今年轻人中表现得尤为突出。有时候开一个善意的玩笑，就会引发争吵。这样与人相处，自然得不到别人的尊重，甚至有可能被周围的人孤立。为此，我们可以在争吵中试着去学会自嘲，就算面对别人的针锋相对，我们也可以通过自嘲来化解，这样既可以尊重别人，增加感情，又可以帮自己赢得尊重。不是与别人非要争个高下，才能显出自己的水平来。显然，一个说话粗鲁，没有礼貌，随便打断别人说话的人，任何一个人都不会喜欢的。

2.在自嘲中学会说话

在自嘲中学会拒绝别人也是一门学问。当一件事情发生时，如何拿捏话语的分量是十分重要的。同样的拒绝别人的一句话，从这个人嘴里说出来，大家会觉得十分舒心，而从另一个人嘴里说出来，大家就觉得不那么顺耳了。在生活中，我们常常会去商场买东西，当我们挑到一件商品发现它有瑕疵时，有的售货员就会说道："东西就这样，你爱买不买"。而有的售货员就会说："啊，是呀，这件东西真是这批中的另类，我可以帮您找一件同类的……"想想看，多数人都是会在心情好的时候去商场，如果碰到前一种售货员，我们的心情一定会非常差。

3.在自嘲中学会拒绝

现代年轻人说话喜欢直来直去，其实有时候，我们不妨学学怎么拒绝别人。拒绝别人有很多种方式，在自嘲的同时又暗示别人自己所处的尴尬境地，不失为一种绝好的方式。我们要在自嘲中学会委婉地拒绝别人，在自嘲中解决问题。

为人处世，学会说"不"很重要

很多人害怕"拒绝"这两个字，对于"拒绝"，他们常常纠结半天也说不出口，因为他们怕得罪对方，怕因拒绝而导致两人疏远。但是他们没有意识到，这样做不但于事无补，反而会给自己戴上沉重的枷锁；一旦答应的事情无法完成，还会得罪对方，徒增烦恼。所以，为人处世，学会说"不"很重要。

李红并不是心理咨询师，可是在她身边，总有各种各样的朋友喜欢把自己的"隐私"说给她听。李红总是耐心地听着对方诉说，时不时还会因为对方的遭遇落下几滴眼泪。长期身陷各种负面情绪的李红终于承受不住这份压力了。

朋友之间的聊天，不外乎最近都有些什么活动和见闻之类的话题。而李红却成了公认的"情绪垃圾桶"。不管是哪位好姐妹在感情上遭遇了挫折，她们都会把李红约出来，用整整一个下午哭诉自己的不幸。其实，她们都知道，李红并不能帮她们解决所有的问题，只是她们需要倾诉，需要把负面情绪释放出来。

如果说聊天的内容轻松一点儿也就罢了，可是每每随着话题的深入，李红就会逐渐发现一些自己没有办法控制的事情。就在前几天，宁宁还在对她说怀疑自己的老公在外面有外遇，而梁静整天都向李红抱怨公司的待遇不好，王莹则是哭哭啼啼地告诉李红她又和男朋友分手了。李红从早晨一睁眼，就开始被别人这些杂七杂八的事情困扰着，以至于自己在工作的时候无法把心思用在正常事务之上。

每次聊天结束之后，李红的朋友们就像是获得了新生一般，她们的痛苦和委屈确实得到了发泄。而对于李红来说，本来好好的一个周末下午，却被无缘无故地笼罩上一层阴云。有时候，李红也不得不感叹"知心姐姐"可真不好当啊！而她还没有意识到自己其实已经处于危机之中了。

随着时间的流逝，朋友们曾经对李红说过的话对她产生了潜移默化的影响。每次见到上司时，她总会想起梁静说的那些话；见到王莹的前男友，李红的心中则会事先树起一条警戒线。最近，李红不但在工作上频繁失误，而且连家庭关系都开始变得紧张。直到有一天，李红才恍然大悟，原来自己的正常生活已经完全被打乱了。

有一位智者曾说："生活的艺术是学会说'不'。"相比于整个浩瀚的宇宙，人的力量毕竟是有限的，有很多事情不是强人所难就能完成的。正因如此,一个人应该懂得在现有的条件下,自己能做什么和不能做什么,这是对一个人要有"自知之明"的基本要求。如果不懂得说"不",你就会生活得一团杂乱,你的正常生活就会被打搅,你也会像李红一样焦虑不安。

不敢拒绝,于是答应下来所有的事,结果自己无能为力,对方内心落空,进而彼此情谊疏远。拒绝他人,考验的是你的随机应变能力。所以,我们应学会运用聪颖和智慧,巧妙地使用拒绝的话语,摆脱不利的局面,这样才能继续维持双方的关系。

1.态度尽量委婉、平和

尽量委婉、平和,并且要说"不"的原因,让对方有台阶下,也不致伤了和气。如果可能,迂回一点儿讲也可以,对方如果不是白痴,应该能听懂你的弦外之音,这是"软钉子",而不是"硬钉子"。同时为了不伤和气,也可以说些善意的谎言。

2.真诚阐明你拒绝的理由

如果实在是有事情要办,无法答应对方的请求,你不妨真诚地告知对方你的苦衷,相信对方一定会理解你。不过,在告知对方的时候态度一定要真诚,要表达出你的愧疚,千万不可态度傲慢或冷漠,这样很容易伤害对方。

3.说话幽默一点儿更容易拒绝

最经典的幽默式拒绝无过于钱锺书拒绝某位女士的拜访:

"假如你吃个鸡蛋觉得味道不错，又何必认识那个下蛋的母鸡呢？"又比如"拒绝绅士的邀请是一种罪过，可今天只能谢罪了。"用幽默而不失分寸的拒绝方式，表明你的拒绝，可以使双方都不会失颜面。

在聊天中，当你遇到了无法接受对方观点的情况时，就要学会拒绝对方，学会说"不"。但是，在拒绝的时候一定要掌握尺度和一些技巧，降低对对方的伤害程度。只有这样，你才能赢取他人的喜爱。

首因效应

说"不"是每个人的权利

生活中，有很多人不好意思拒绝他人，更羞于对他人说"不"。这是因为他们总觉得拒绝他人一定会使他人伤心，因而心怀愧疚。尤其是对很多年轻人而言，他们更是不愿意说"不"，又因为自己能力有限，不可能给所有人都带来帮助，也因此受到困扰。其实，说"不"是每个人的权利，不管是在心有余而力不足的情况下，还是在有能力帮助别人却不愿意帮助别人的情况下，我们都可以坦然地说"不"。归根结底，帮助一个人是看在彼此的情分上，而并不意味着你有此责任和义务，因而你也完全可以拒绝他人的求助，从而顺从自己的内心。

很多年轻人为了帮助别人，导致自己变得非常被动，甚至受到伤害和委屈，这样虽然帮助了别人，但自己没有得到满足和快乐，反而郁郁寡欢，可谓得不偿失。有的时候，我们还因为心不甘情不愿地帮助别人，导致最终没有兑现自己的诺言，反而落得失信的下场，这也是很不理想的结果。与其如此，不如在一开始就遵从自己的内心，坦然说"不"，反而能够得到他人的谅解，也能给自己带来心安。记住，说"不"是我们每个人的权利，我们可以理所当然地说"不"，也可以坦然大方地拒绝他人的请求，尤其是那些不情之请。

近来，26岁的小敏怀孕了，已经七个多月，她不得不停下工作，专心在家调养身体。小敏住的是租住的平房，一排房子有二十多间，整片社区里有三四十排这样的房子。因为闲来无事，小敏常常去对面那排房子，找那位五六个月的小娃娃玩耍。这家人是在市场里做调味料生意的小夫妻，一边做生意一边带孩子，常常忙得没有时间做饭。有的时候，小敏妈妈也会帮忙带小孩，以便让他妈妈专心做饭。一来二去，小敏全家和邻居全家越来越熟悉了。

有段时间，小敏的父母因为有事情回老家了，小敏便在父母的房间里住了几天。有一天，小敏正在睡觉，小孩的妈妈就抱着小孩在外面敲门，还说："在吗？在吗？能帮我看下孩子吗，我急着做饭。"这时，小敏正在关门闭户地睡觉呢！小孩的妈妈敲起门来没完没了，直到小敏开门。看着小孩，小敏为难地说："不好意思呀，我不能帮你带孩子，平日都是我妈帮你带的，我的肚子太大了，没法抱他，怕他踢到小宝宝不安全呢！"这时，小孩的妈妈还是不依不饶，说："就把他放在床上，你看着别掉下来就行，不用你抱。"无奈，小敏只好留下小孩，帮忙看着。一眨眼的工夫，小孩就差点儿掉到床下，小敏赶紧抱着他送回去，却不小心被小孩一脚踹到肚子。肚子隐隐作痛，足足一小时，她都提心吊胆。等到老公下班回来，小敏说起这件事情，老公不由得责怪："你呀，就是面子薄，她家孩子凭什么一定让你看哪，而且你肚子还这么大了，自己都行动不便。这个小孩的妈妈也真是的，怎么一点儿眼力见儿都没有呢！"说完，老公找到小孩的妈妈，把情况说明了，小孩的妈妈这才后怕地说："不好意思呀，真没想到会出这样的事情，给你们添麻烦了，那等阿姨从老家回来，我再找你们帮忙吧！"

显而易见，这位妈妈是一个非常不会观察情况的人，对于一个挺着七个多月孕肚的孕妇，她居然还缠着小敏帮她看孩子。对于这样的人，我们该拒绝的时候一定要毫不犹豫地拒绝，这样才能保护自己。就像小敏，假如真的出了什么问题，后悔可就晚了。

任何时候，我们都不能因为顾忌他人的面子，就打落牙齿往肚子里咽。尤其是当此事事关重大，就更应该根据我们自身的判断，坚持自己的原则，这样才能有效地保护自己。这就要求我们不能过分在意他人的想法，而且要坚定自己的意愿，不能像墙头草一样随风摇摆。总而言之，人与人之间互相帮忙并非责任和义务，每个人都有自己的生活，我们也没有必要为了帮助别人而过分委屈自己。也许在我们拒绝他人之时，会被他人指责为"自私自利"，但是只要我们自己心中坦然，又有何妨呢！记住，任何时候我们都是为自己活着的，而不是为了得到他人的肯定和赞许而辛苦地活着。

第九章

谨慎说话，以免冒犯别人因小失大

说话留有余地，也是给自己留后路

在日常生活或工作中不乏这样的人，他们脱口而出的字眼总是"就是！肯定！一定！"在因为某件小事与他人争辩时，他们总是自信满满、咄咄逼人，急于把自己的观点强加于人。哪怕最终证实他们真的是对的，对方也会觉得他们过于盛气凌人，会对他们心存不满。而如果他们的答案是错的，那就是给自己找难堪了。说话说得太满，就是不给自己留后路。朋友们，说话的时候多想想后果吧，别说得太满，因为说话留有余地，也是给自己留后路。

唐玉敏是一位楼盘销售员，她平日里工作非常认真，业绩也非常突出。但是她有个毛病，那就是不会说话，到处树敌。

这天，公司里来了新同事，是一位非常阳光的女孩，叫张晓晓。张晓晓很会为人处世，刚来办公室的时候，就给每个人带了礼物，主动和每个人打招呼。按照主管的话说，让她迅速地和同事打成一片，有助于开展工作。

在和同事们的交谈中，张晓晓得知唐玉敏是他们当中的销售冠军，而且业绩一直遥遥领先。于是这天下午，工作之余，她来到唐玉敏的身边，对她说："敏姐，我听他们说你是公司里打不败的业绩女王，我刚来，什么也不懂，以后你要多帮帮我呀！"

唐玉敏白了她一眼，笑着说："晓晓，别到处拍马屁，在我这儿不好使。"

被唐玉敏这么一说，张晓晓明显感觉脸上火辣辣的，但是她知道，唐玉敏是销售冠军，有点儿脾气也是能理解的，自己以后还要多跟她学习呢。想到这里，晓晓的不满全然消失了，于是她又满脸堆笑地说："我没有说错呀，敏姐确实是我们当中的销售冠军嘛！"

唐玉敏冷笑着说："晓晓说话真逗乐，谁跟你'我们'呢？请你注意自己的措辞。"

张晓晓再也忍不住愤怒，说道："敏姐，别总拿自己当个角儿，我这么说是看得起你。"

唐玉敏也针锋相对："呵呵，不需要你看得起，承受不起。你这个月要是卖不出房子，一样得滚蛋。"

张晓晓赌气说："不要这么自以为是，看不起人，我相信我一定能做好的，等着瞧吧。"

唐玉敏讥笑道："行行行，你有本事好吧，你要是不走人，我立马走人。你还别不信。"

从那以后，张晓晓认真地向别的同事学习，很快掌握了销售要领，再加上她的不懈努力，终于在月底成功打破了自己的"零"纪录。

唐玉敏觉得很没面子，她没有想到张晓晓真的卖出了一套房子。那么，按照当初打赌的约定，她就得走人了。但是说实话，唐玉敏根本不想走，在别处她不一定能有这么高的收入，当时，她非常后悔自己说话说得太满，以至于现在把自己逼到绝境。好在这事张晓晓日后并没有提及，同事们似乎也忘得一干二净。但是从那以后，唐玉敏似乎变了很多，再也不去指责这个、要求那个了，跟张晓晓说话也变得非常客气。

唐玉敏的确是一个销售精英，但是她却不是一个会说话的人，这样的人只会四处树敌。如果在和张晓晓聊天时不那么傲气，不那么自以为是，不把话说得太死、太满，那她就不会在张晓晓卖出房子的时候感到窘迫、后悔、纠结。其实，这一切都是她自己造成的，还好她能吸取教训，否则她迟早会吃大亏。

俗话说，"祸从口出"，把话说满也是一种为祸的诱因。话说得太满，一般会导致两种后果：一是听者不服，故意找碴儿使绊子；二是自己没有回转的余地，容易搬起石头砸自己的脚。无论哪种，都不是好结果。所以，想要表达你的意见，话说三分就足够了，说多了并不见得是好事。

话说得太满，如果事情发展顺利，倒是可以相安无事；如果事与愿违，让别人抓住话柄，只能是自己吃不了兜着走了。想要避免这种情况，我们应该注意以下几点：

1.说话时要记得给予对方尊重

每个人都有自己的看法和想法，当遇到意见不合的时候，你最起码要做到让对方在众人面前受到足够的尊重。无论别人说得对与否，都不要当着很多人的面就开始反驳，你可以选择私下找个机会，把你的观点告诉对方。这样既维护了对方的自尊，又加深了两人的感情。

2.说话要点到为止

有时候，话说得太透，就没什么意思了。其实，点到为止就刚好，多说无益。有些话不方便全说出来，我们就不妨只说一点儿，然后留一部分给对方自己体会，这样不仅避免多说出问题，也能很好地传达思想。

3.不要随意承诺对方

很多人在面对他人请求的时候，总是说"包在我身上""一定没问题""绝对放心"之类的话，其实，这种话说得就有些过满。你想想，万一你达不成对方的目标该怎么办呢？或者说，你说的这些只是大话，如果对方当真，他的损失该如何了结呢？所以，话别说得太满，不妨用"尽力""试试看"等词汇替代一下。

话不说满，说满则溢，这其实是一种谦虚的人生哲学。从一个人说话的态度可以看出他的自信，真正有自信的人，懂得谦卑。不把话讲得太满，进可攻，退可守，这才是成功的做人之道。

随便交心是社交中的大忌

俗话说："相交满天下，知心有几人？"人们总是渴望与别人交心，殊不知，万事皆有度，太过交心也会害了自己。希腊有古语曰："知心不是美德，而是灾祸的种子。"因此，不可以过度和别人交心，更不可以随便和别人交心。

有的人个性耿直、率真，总是随便把他人当作知己。但是，你可知道，与人交往不能过多地表露自己，否则，很容易为自己招来祸事。许多时候，你知道得太多，并且将自己的想法表露无遗，会招致他人的妒忌、猜疑，这无异于自掘坟墓。

玮琪和林曦在同一家公司工作，是工作上的搭档，两人关系很好。玮琪结婚之后，在得知自己怀孕时，就最先与林曦分享了这个喜讯。在玮琪怀孕三个月左右的时候，她们所在的公司因管理不善关闭了，两人就一起重新找工作。玮琪从报上得知一家大工厂需招两个她们这个行业的人，便约了林曦同去面试。当时负责招聘的部门经理听说她们是旧同事时，还用奇怪的眼光看了她们一眼。第二天，玮琪就接到了那位经理的电话，要她去上班，她高兴地打电话告诉了林曦。

可是，等玮琪去报到时，经理却问她："你是不是已经怀孕了？"玮琪一愣，心想：经理是怎么知道的？经理接着说："你那个同来面试的女同事刚打电话来说的。如果我不知道这事也就罢了，但现在我知道了，我就只能向你说声抱歉，我不想我的人进来半年就要休产假。"玮琪这才知道原来林曦在背后搞了小动作，心里涌起一股情绪，但说不清是愤怒还是悲哀。那位经理接着说："我当时就奇怪你们俩怎么会同时来应聘，要知道这是竞争啊！不过，那个女孩也不太厚道了，她这种人，我也不会要了；你如果生完小孩后还想来，可以再找我。"临走时，经理送给玮琪一句话："姑娘，心善是好，但也要有分寸，不可随便与他人交心哪。"

同事可以一同吃喝玩乐，但不可谈任何实质问题，更不宜交心。因为说不定哪天你们的位置和关系就会发生改变，到时，当初推心置腹的话很可能成为被人利用的把柄。自己对同事了解得不多，也就少些烦恼；不向同事透露私人生活，也就保护了自己。案例中的玮琪就是一个活生生的例子。

俗话说，祸从口出。人越密集，闲言碎语就越多，要想保护好自己，一定要管住嘴，少说话。什么话能说，什么话不能说，什么话可信，什么话不可信，都要在脑子里多想一想，心里有个小算盘，这样才能够与大家和谐相处，避免影响人际关系或危害自身利益。

随便交心是社交中的大忌，聊天的时候大家一定要谨记，不要随随便便把任何人都当亲人。所以，我们要在人际交往中注意以下3点：

1.好话坏话要分清

聊天的时候，有些话是该说的，因为过度沉默也会影响气氛，但是，有些话确实是不能说，说多了就会为自己埋下祸根。不管对方是不是自己人，我们要避免在他面前提及别人的是是非非，万一他将事情告诉了他的知心人，传递下去，迟早你会麻烦上身。

2.心里话要压在心底

"知人知面不知心"，不能把握他人的真实想法，还去与之交心，这是人际交往中的危险。如果不清楚与你相处的人到底是何居心，也不能控制与自己相处的人按自己的想法行事，那么就要注意提高自己的警惕和防范意识，不要随便和别人吐露心声。

3.注意与他人的心理距离

人与人之间之所以会产生误会、争执、利害冲突，不是因为人们的疏远，而是因为太亲密。在人际关系中，与他人保持适当距离，是避免发生冲突的最后的规避手段。

即便一个人很会识人，也可能有看走眼的时候。一旦看错了人，说错了话，随便交了心，那你要面临的问题就不会那么简单了。与人交心，要做到公私分明；要分清感情与职责；要看清对象，不要什么人都引为知己，结果造成心腹大患，那时将追悔莫及！

首因效应

涉及个人隐私的话题，应当尽力回避

罗曼·罗兰说："每个人的心底，都有一座埋藏记忆的小岛，永不向人打开。"马克·吐温也说过："每个人像一轮明月，他呈现光明的一面，但另有黑暗的一面从来不给别人看到。"这座埋葬记忆的小岛和月亮上黑暗的一面，就是隐私世界。隐私，即不愿告诉他人和不愿意公开的个人情况。国内外的社交活动中均尊重个人隐私，凡是涉及个人隐私的一切问题，在交往中均应回避，否则就会引起对方的不悦，自己也会感到尴尬。

晋文公重耳在没有继位的时候，由于宫廷变故，不得不四处逃亡。在他所经过的国家，有的能以公子之礼待之，有的却因为他落难而瞧不起他。

重耳一行自卫国经过曹国，曹共公也不以礼相待，但听说重耳的肋骨生得连成一片，因此就很想看看是什么样子，便将重耳等安排在旅舍里。曹共公打听到重耳将要洗澡，就张了很薄的帐幕偷偷观看。曹国大夫僖负羁的妻子对僖负羁说："我看晋公子是个贤人，他的随从都是国相的人才，辅佐晋公子的人，将来必定能回到晋国即位，等到晋国讨伐无礼的国家时，那么曹国就是他首先开刀的了。你为什么不早一点儿表示自己的不同态度呢？"听罢，僖负羁便馈赠了一盘食品给重耳，盘底还放着一块璧。重耳接受了食品，退回了璧。

后来，经过了19年逃亡生活，重耳终于回国继位。他励精图治，使晋国发展成了一个富强的国家。

公元前632年，晋文公找了一个借口发兵攻打曹国，并很快将其打了下来，曹共公和僖负羁都成了晋文公的俘虏。不过，由于当年的一璧之缘，晋文公放了僖负羁并善待了他。而曹共公则为自己当年的荒唐行为付出了代价，在晋国吃了不少的苦头。

最终，在晋国一个大臣的劝说下，重耳这才网开一面，放了曹共公一马，让他回了曹国。不过，因为偷窥别人洗澡这种荒唐事而国灭被俘，也让曹共公羞愧异常。他乖乖跑回了曹国，再也不敢和晋文公作对了。

传播他人的隐私会造成不良的影响，会使他人感觉颜面扫地，而且对方也会对你恨之入骨，你与他的友情更会戛然而止，也许在生活或工作中还会成为敌人。同时，其他朋友、同事也会对你投来异样的目光，与你的距离将会越来越大。

朋友们请记住，任何人都有保护自己隐私的权利，夫妻之间应该自觉地不去探求对方的隐私，不去怀疑对方是不是有什么对自己不利，或有什么问题瞒着自己。越是追问对方的隐私，越是容易产生隔阂，就越会破坏双方的感情。

那么，对于隐私问题，我们需要注意什么呢？

1.不干涉，少打听

他人的隐私，我们要尽量不干涉，因为这个世界上没有一个人会喜欢干涉自己隐私的人。如果实在需要一些与对方隐私相关的信息，也一定要见机行事，要懂得见好就收，不要刻意去挖掘，这样只会让人讨厌。

2.不拿隐私开玩笑

适当地开个玩笑，可以调节气氛、缩短与他人之间的距离。但是，并不是什么事都能拿来开玩笑的，如他人的隐私。每个人都有不为人知的隐私，而且也不愿意被人拿出来当作茶余饭后的谈资。如果有人喜欢拿别人的隐私开玩笑，那他肯定是一个不受欢迎的人。

3.闲暇时多反思自己

古人云："静坐常思己过，闲谈莫论人非。"意思是，沉静下来时要经常自省自己的过失，进而以是克非、为善去恶；闲谈的时候不要议论别人的是非得失，这是儒家倡导的道德修养的重要方法。一个人要想拥有良好的性情修养，就应该谨记这条古训。

4.保守秘密，避免伤害

有时，有人把你当作真心的朋友对你倾诉衷肠，你获得了同事的隐私，千万不可得意，因为你在无形之中已经多了一份担子，在暗中受到了监视，暗藏了一丝祸端。不管有意还是无心，若同事的隐私从你口中泄露，既会使同事难堪，也会使你的信誉大打折扣。

朋友把自己的"隐私"告诉了你，即使没有叫你保密，也证明了他对你的极度信任。对此，你只有为他分忧解愁的义务，而没有把这种"隐私"传播出去的权利。如果不把"保密"作为一种义务，你就会失去周围同事对你的信赖，最终成为孤身一人。

首因效应

善良易被别人利用

每个人的心灵都有其柔软的地方，再强势的人，也有他人不易察觉的弱点，这就是同情心。做人要善良，要有同情心，这不可否认，但如果放到某些具体的、特殊的场合中去考察，则不可简单了之，而是要把握同情心的分寸。如果好坏不分，一味善良，就会被别人利用。

《伊索寓言》中有这样一则故事：

一头年迈的狮子，无法再凭力量驰骋沙场，去争夺领地和食物了。然而，想要活命，就必须获取食物，不能力拼怎么办呢？就只能智取了。

足智多谋的老狮子很快心生一计，决定躲进一个山洞，然后躺在里面装病。因为洞口常有小动物经过，一旦听到有小动物经过的声音，它就开始痛苦地呻吟起来，借此引来好奇的小动物，激发它们的怜悯心。等到小动物一进洞，它就突然扑过去，把它们吃掉。

这个办法果然奏效，许多小动物因为同情老狮子而进到洞里被狮子吃了。泛滥的同情心，使许许多多无辜的小动物就这样白白地送进了狮子贪婪的大口，成了狮子的美餐。聪明的狐狸经过细心观察，发现了这个奇怪的现象：许多小动物只要经过狮子洞口，总是有去无回。它开始怀疑洞里的老狮子在玩什么鬼把戏，便决定去一探究竟，彻底揭穿老狮子骗人的把戏。

一天，狐狸悄悄来到老狮子的洞口，只远远地观察老狮子，看它能玩出什么花招，却丝毫不敢贸然前进一步。正在假寐的狮子感觉有小动物来了，抬眼一瞧：好家伙，这回来了一只狐狸，真是太好了，我正饿得肚子咕咕叫呢，不过狐狸很狡猾，我得想想办法，不能让这送上门的美味跑了。于是，它又开始故伎重演，痛苦地呻吟起来："哎哟，哎哟，我的脚怎么这么痛啊。"

狐狸心里暗暗发笑，可还是假惺惺关切地问："大王啊，你怎么啦，哪里不舒服哇？"狮子痛苦地答道："我老了，不中用了，前天散步，一不留神就把脚崴了。朋友，我估计不久就要和你们永别了。"狐狸忙说："瞧您这么强壮威武，这点儿小病怎么会有事呢？"老狮子说："我可不是装病，不信你过来瞧瞧。"狐狸笑了："我可不敢过去，只怕我这一去，就会像其他动物一样，成了你的一顿美餐。"

老狮子的呻吟声更加痛苦了，它要装得更逼真一些，来赢得狐狸的同情。狐狸见老狮子还在装病，只冷冷地瞥了狮子一眼，说："别再装了，我早已识破你的诡计了，难道我是瞎子吗，没看见这里只有进来的脚印，没有出去的脚印吗？我怎么可能还会上你的当呢？"

我们要做一个具有怜悯之心的人，对于真正需要帮助的人，我们有必要给予一定的帮助，可是对于一些别有用心的人，利用我们的怜悯之心行骗的人，我们应该给予唾弃甚至鄙视。所以，看穿这些人的内心、揭穿他们的骗局就成了我们应该重视的课题。

1.有所节制，把握同情的分寸

对于每一个人，同情心不是不应该有，而是要在施与前认清对象是否值得去给。真正的善者大多懂得把握同情的分寸，不会不分对象、不加节制地慷慨付出一切。否则，一不小心，不但会使宝贵的同情心白白浪费掉，而且自己也容易深受其害。

2.一定要有自己的立场和原则

我们不要总是因为怜悯对方而丧失了自己的立场，有些事情是不能做的，就算是对方一再地在你耳边煽动，你也不要动摇，内心坚定才能走正道。比如，有人为了谋取私利而一味地在你面前诉说他的苦衷与艰难，这时候，如果你动摇了，伸手为他做点儿什么，当麻烦找到你的那一天，你将后悔莫及。

3.仔细观察对方的神情是否有异

注意观察对方的眼神,说真话的人眼睛不会左右乱转,而企图欺骗他人的人的眼神总是不稳定的,左顾右盼。而且,他会将眼神放在别的地方,不会直视你,这其实是为了逃避由于说谎而产生的压力。只有这样,行骗者才能够让自己的心理趋于平衡。

我们说不可滥施同情心,不是说不应有同情心,只是告诉大家要认清现实,不要上当。善良的人不是为了他人就不分青红皂白、竭尽全力为其做事,善良的人应更懂得把握做事的分寸,不让心怀不轨之人为所欲为。

关系再好，也要把握语言分寸

姚太太和严太太是邻居。姚太太是本地人，严太太新搬来三个月左右。两个人的认识是从她们的孩子开始的，由于两个孩子经常一起玩，于是她们两位家长也逐渐熟悉起来。说来也巧，她们二人都喜欢打麻将，由于爱好一致，两人平时没事就在一起搓麻将。渐渐地，她们的关系越来越好，可以说是无话不谈，大有相见恨晚之意。谁家有什么事，另外一家必定出来帮忙，因此，她们关系非常好。其他邻居还经常开玩笑："你们俩呀，关系好得都快赶上亲姐妹了，整天形影不离，当心你们老公不乐意。"这只是一句玩笑话，她们都为自己有一个这么好的朋友而感到高兴。但自从发生了这样一件事后，一切都变了。

那天，严太太在骑电动车去上班的路上，不小心被一辆小汽车给撞了，幸亏及时打了急救电话被送到医院，只是左腿骨折，不然可能会因失血过多而产生生命危险。

在住院的第二天，姚太太就买了很多水果、煲了鸡汤来到医院看望自己的好朋友。进门后，姚太太就扯开嗓子说："天哪，我的姐妹是不是走了？"严太太一听，本身就全身很痛的她立刻觉得很不舒服。虽然她知道姚太太平时爱开玩笑，但这个玩笑实在不妥。

这时，姚太太继续说："上次我还跟你们家老公说，该买辆汽车了，电动车太危险了。不过，人要出车祸，就是开飞机，也是一样要出事。"姚太太的这番话，更让严太太不舒服了，好像她要表达的是严太太注定要倒霉似的。

接下来，严太太语气冷冷地说："姚姐，我身体有点儿乏了，想睡会儿，医生说我不适合喝鸡汤，你把东西带回去吧。"姚太太一脸愕然，心想严妹妹这是怎么了。不过，她看到躺在病床上的严太太已经把脸转过去了，就只好走了。

自从这件事后，严太太再也没来找过姚太太，姚太太主动联系她，她也找借口说自己有事。后来，两人的关系也就慢慢淡了，见面连招呼也不打了。

与人交往要把握好分寸，对待普通朋友如此，对待亲密的朋友更应如此。虽然"胸无芥蒂，无话不说"是朋友之间交往的总准则，但是也应留有余地，关系再好的朋友在人前也要把握好说话分寸，不能因为关系好就无所顾忌。如果你不懂得给自己的嘴巴把好门，不知哪天，你们的友谊就可能会破灭。

那么，对于自己的好友，我们该如何把握好相处的分寸，避免关系破裂呢？

1.不要触碰好友的底线

每个人的内心都有自己的底线，底线是人们设置的保护自己的最重要防线。如果你轻易地去触碰他人的底线，那么很可能会使他人伤心或发怒，由此导致关系破裂。

2.不做"零距离"好友

距离是一种美，也是一种保护。朋友之间需要保持一定的距离，无论是多么好的朋友，无论关系多么密切，距离都十分重要。朋友需要用心去经营，需要有一定的艺术性。

3.隐私问题不可忽视

每个人都有自己的隐私，一般来说，人们总是喜欢把不想外人了解的心里话告诉自己的好朋友，这时候，不管你们关系如何，你都要懂得保守住对方的秘密，也不要拿对方的秘密开玩笑，否则有一天，你们连朋友都做不了。不宣扬他人隐私是一种好的道德品质，这能反映出一个人的修养，我们需要牢记这一点。

为什么生活中许多关系非常亲近的人，最后成了伤害自己最深的人呢？这就是因为对方对你的生活、习惯和各种细节有着最为细致的了解,而你们性情相投,喜欢的人或者东西必定也会有相同之处,如果对方真的想从你身边夺走一样东西,也是最容易的。

首因效应

改变心态，避免随意发牢骚

发牢骚是一件很平常的事情，毕竟谁都会有心里不舒服的时候，但是发牢骚并不是适合任何对象。与人聊天，你也许只是想发发牢骚，没有什么恶意，更无意要伤害和对付谁，但是说者无意，听者有心。他们虽然很认真地听你诉说，但未必跟你是一伙的。小心你说的那些"心里话"会变成他们对付你的"利器"。

杜晓蓓曾经是某公司广告部部门经理王瑞的助理。王瑞一直都很欣赏她，因为他交给杜晓蓓的工作，杜晓蓓总是完成得又快又好。不过，杜晓蓓因为一次无心的抱怨，而从此失去了经理的器重。

一天，王瑞安排的任务特别沉重，一个大单子，一份策划，一份总结，再加上杜晓蓓的陈年旧病——肠炎又发作了，于是杜晓蓓的工作进度很慢。王瑞看了杜晓蓓的进度，实在是着急："晓蓓，加把劲儿啊，我还得指望着你呢。"

本来身体就不适的杜晓蓓听不惯领导的话，于是不胜其烦，抱怨的话脱口而出："王经理，我就这个水平，我在公司里是最忙的了。"

王瑞是个对工作要求很严格的人，正巧当时任务急，本来心里也是很烦躁的，听到杜晓蓓这么说，心里很不快："好好好，你辛苦了，我让别人做，以后你多多休息就可以。"

于是，就因为这样一句牢骚，杜晓蓓失去了自己的工作。

发牢骚的人大多数是消极心理严重的人，情绪不稳定，这说明这个人的思想水平不高，缺乏涵养，不善于思考与分析，控制自我意识的能力差；还证明这个人心胸狭窄，斤斤计较，患得患失，不能容忍；还反映这个人的人品一般，不懂得人与人之间如何相处。常发牢骚有着如此多的缺点，相信这样的人在交际中并不会太受欢迎。所以，大家应该谨慎对待这个问题。

其实，改变一下自己的心态，尽力避免发牢骚，对每个人来说是非常重要的。那么，我们该怎么克服自己爱发牢骚的心理呢？具体来说，我们可以参考以下几点：

1.祸从口出，说话前三思

祸从口出，说话太多往往容易惹祸上身，坦率不是错，但是毫无保留就是笨了。俗话说，"逢人只说三分话"，还有七分话，不必对人说出，这是一种变通的说话手段，更是一种自我保护的方法，毕竟不是所有的人都是跟你交心的。

2.改掉爱发牢骚的毛病

有位企业领导者一针见血地指出："抱怨和牢骚是失败的借口，是逃避责任的理由。"抱怨会使人思想偏激，心胸狭窄。一个将自己的头脑装满了抱怨的人，是无法想象未来的。抱怨使你与他人的理念格格不入，使个人的发展道路越走越窄，最后一事无成。

3.静坐常思己过，闲谈莫论人非

古人云：静坐常思己过，闲谈莫论人非。他们常以这句话来要求自己自律，认为在背后非议人家是小人之行，而不是品行高洁的君子所为。因此，我们在生活中也要做到"静坐常思己过，闲谈莫论人非"，时刻以君子品行要求自己，为人处世要光明磊落。如果能做到这点，你不仅不会因为发牢骚而生出事端，还会让对方感受到你的修养，对你敬重有加。

当遇到别人发牢骚的时候，你要以体谅的心情，力求从积极的方面对发牢骚者加以劝阻和诱导，因为生活中每个人都会遇到烦心事。通过劝阻和诱导，可以使发牢骚者缓和怨怒的情绪，放宽胸怀，开阔眼界，避免钻牛角尖，放弃种种偏激之见。

参考文献

[1]海松.首因效应：好的开始是成功的一半[M].哈尔滨：黑龙江美术出版社，2019.

[2]德玛瑞斯，怀特，奥尔德曼.第一印象心理学：你都不知道别人怎么看你[M].赵欣，译.北京：新世界出版社，2017.

[3]周一南.第一印象心理学[M].苏州：古吴轩出版社，2019.

[4]蔡万刚.第一印象心理学[M].北京：中国纺织出版社，2019.